「従属」から「自立」へ
日米安保を変える

前田哲男＝著

高文研

目次

装丁　商業デザインセンター・松田珠恵

「アメリカの時代」の終わりを前に

世界は絶えず過渡期にあるが、やがて歴史に織りこまれる国際情勢の変化は、ゆっくりと進行するものであり、また、はじめは個別の事象としてあらわれるので、移りゆくさまを知覚するのはむずかしい。それでも、時がたつと世の中が確実に変容したことに気づかされる。ちょうど『方丈記』冒頭に示されるような万物流転である。

「ゆく河の流れは絶えずして、しかも、もとの水にあらず。淀みに浮かぶうたかたは、かつ消え、かつ結びて、久しくとどまりたる例なし。」

過渡期をかさねながら、人類世界はあらたな秩序形成へと移行していく。それがつねに変わらぬ歴史時間のいとなみであるが、二〇〇八年秋から〇九年にかけては例外的に、国際社会で進行中の地殻変動が、眼前の光景としてはっきりとしめされた。歴史という大河に荒波の立つさまが、パソコンのディスプレーに映しだされた各種経済指標の異常な下降線形と、それを瞬時に伝達する電子メディアによって、国家・国境を越え何億もの人に同時体験されたのである。

「国際経済の瓦解」。それは冷厳な事実であり、無視も座視もできない。グローバリズム経済と情報革命のすぐ裏側に「負の連鎖系」という深淵がひそんでいる事実を人は知った。もはや「古きよきバブル時代」への後戻りなど論外だろう。現在の危機も、やがては「かつ消え、かつ結びて」の一情景となるにせよ、では、次の変化はどうなるのか？ 現況を、さらなる大氾濫にいたるまま放置するのか、それとも「世紀の大過渡期」へとつなぐ歴史水脈の希望ある源流となしうるのか、その決定はいまを生きる人間の手にある。

シュテファン・ツヴァイクは、坦々と流れ去る世界歴史の時間にまれに起きるひとときを、「人類の星の時間」と名づけ、「そのような時間が現われ出ると、その時間が数十年、数百年のための決定をする」と書いている。

「こんな瞬間は、ただ一つの肯定、ただ一つの否定、早すぎた一つのこと、遅すぎた一つのことを百代の未来に到るまで取返しのできないものにし、そして一個人の生活、一国民の生活を決定するばかりか全人類の運命の径路を決めさえもするのである。」（『人類の

星の時間・序』みすず書房)
二〇〇九年は、そのような「決定的瞬間」といえるだろう。「歴史の進歩」とは、この時に、どのような対応をするかにかかっている。それは、ひとり金融・経済政策にとどまるものではない。

なにが起こったのか。
いうまでもなく第一は、世界的な経済危機、あるいは恐慌の到来である。サブプライムローン破綻に発したアメリカ・ウォール街の銀行倒産は、たちまち全世界に波及し、「一〇〇年に一度」といわれる金融危機に発展した。わずかのうちに何兆ドルもの資産が紙くずとなり、数百万人が職を失った。デリバティブ(金融派生商品)取引に特化した「カジノ資本主義」が、「FOR SALE」と書かれたおびただしい中古住宅と未済ローンをのこして崩壊したのである。事態の本質は、「アメリカの世紀」の象徴であったGMやクライスラー社に代表される自動車産業が、T型フォード出現から一〇〇年ののち、世界の盟主どころか、破産——企業としての存在そのものを失う瀬戸際に追いこまれたことに象徴されている。

第二に、「禿鷹ファンド」に主導される「新自由主義グローバル経済」が崩れたのと連動するかのように、アメリカ・システムの軍事戦略にも崩壊のきざしがあらわれた。「前方展開」「単独行動」「先制攻撃」にもとづく軍隊の海外配置、そして「テロとの終わりなき戦い」を呼号しつつ気軽に戦争をもてあそんできた政策にも、同様に「終わりの始まり」がおとずれたのである。イラク戦争に失敗したブッシュ政権は「史上最低級の大統領」という烙印とともに退陣し、あとに「大義なき戦争」の評価と、戦争経済がもたらした「負の遺産」がのこった。

イラク・アフガニスタン戦争で米国民が負った負担は、ノーベル経済学賞受賞者ジョセフ・スティグリッツの試算によれば、今後の社会支出――退役軍人の年金、負傷兵の医療費、復帰支援費をふくめると、「総額三兆ドル」にのぼると試算される（『3兆ドル戦争』。邦訳『世界を不幸にするアメリカの戦争経済』徳間書店、〇八年）。

「（戦争と経済危機は）明らかに関係がある。原油高もサブプライム問題も、すべてイラク戦争が原因だった」

と、かれは断言する。「戦争は確実に危機を悪化させ、借金を膨らませ、問題処理を難しくした。石油高騰で支払った巨額のお金は、本来なら米国内で使われるべきだった。イ

ラクで米軍関連の外国人契約者に支払われたお金は、米国経済を刺激しない」(朝日新聞とのインタビュー、08年5月19日付)

経済危機の根底には「戦争経済」があったのだ。ブッシュにかわったオバマ大統領は、「イラク戦争からの離脱」を公約し、外交政策の基調を「国際協調路線」に切りかえる政策変更を余儀なくされた。軍事予算削減と海外基地縮小が、「イラク撤退後」の課題となるのはまちがいない。

こうして二〇世紀アメリカが領導してきた「西部劇」型安全保障政策は、だれも買わなくなった「高燃費のキャデラック」とともに、時代おくれのガラクタ同然となったのである。

第三に、当然ながら、あらゆる面で「対米従属」を国是としてきた日本も、経済崩壊の外に立つことはできなかった。アメリカ発の金融危機は日本経済をも直撃した。「GDP激減・雇用調整・内定取り消し・派遣切り……」、経済だけでなく社会まで乱気流にもまれる。その根底に、アメリカに強いられた「規制緩和」と「マーケット優先」の小泉改革があるのは明白だ。「和の経営」ともてはやされてきた「日本型企業文化」は、非正規社員には死語でしかなく、「派遣村」に失業者があふれる。しかし自民党政権は、経済危機にも、そこから抜けだす新国際秩序形成にも的確に対応するすべをもたない。安倍〜福田〜麻生。めまぐるしい内閣交代が混迷をさらに加速させた。

とりわけ深刻な問題は、この期《ご》に及んでなお「アメリカだのみ」があらためられないことだ。経済環境激変にともなって米軍事戦略にも変化が予測され、それは日本の安全保障のありかたにも従来とことなる「構想と政策」をもとめているというのに、各首相の口から出るのは、いつにかわらぬ「核抑止力依存・日米安保堅持・米軍基地再編推進」という、呪文の繰りかえしでしかない。いまなぜアメリカにオバマ政権が誕生したかの意味すら、きちんと把握されていない。いぜんとして「安全保障における天動説」が信じられているようにみえる。

思わず、幕末の「黒船到来」以後、明治維新までの一五年間に徳川政権がおちいった右往左往の混乱、そのなかで「何とかなろう」、と無為無策に終始した世襲将軍と武士官僚たちの「泰然として腰を抜かした」すがたにイメージを重ねてしまう。日本の近代、そして日米関係は、ツヴァイクのいう「星の時間」からはじまったのである。

いま日本は、幕末とおなじ「疾風怒濤の一五年」を追体験しているのかもしれない。出口はどこにあるのか？　「ただ一つの肯定、ただ一つの否定」、どちらを選択するか。進歩に立つならば、それは、どのような対抗構想によって語られるべきか？

世界は変わりつつある。国際社会は、金融・安全保障政策両面で「アメリカ帝国以後」の新秩序形成に向かっている。おそらく「東西冷戦の終結・ソ連崩壊」以上の大きな変動となるだろう。正確にいえば、そこではじめて、二次大戦後の世界構造が「真の終焉」をむかえ、二一世紀史の領域にはいっていくのだといえる。たしかなことは、アメリカ型軍産複合社会が、旧ソ連の一党独裁型官僚統制国家と同様、「敗者」となったということだ。「冷戦に勝利した」と自負し「文明の衝突」史観にもとづいて世界に君臨してきた「アメリカの時代」に終戦のときがきた、そう受けとめなければならない。そこでは日本もまた「日米同盟」とともに、「敗者の側」にある。

といいつつ、時代の変化が確実だとしても、過渡期の混乱を安定したつぎの国際秩序に移しかえ定着させるのは容易なことでない。アメリカ・オバマ政権に生まれた変化への取りくみを日米関係に反映させ、「経済敗戦の処理」と同時に「安全保障における対米依存」から脱却していくには、もう一度、日本現代史の原点――「一九四五年の焼け野原」に立ちかえって考える覚悟が必要だろう。どこでまちがったのかを検証しつつ、そこから世界的な歴史転換に適合した「日本型二一世紀安全保障モデル」、すなわち「憲法にもとづく平和主義」を練りあげ発信していく。そのための真剣な考察と建設的論議がもとめられる。

ブッシュ政権の失敗を嘲笑するのでなく、さりとて、新政権の「チェンジ」に過度の期待をいだくのでもない自前の思考——日本の安全保障政策を刷新する、従属から自立へ向かう「対抗構想」構築のための英知結集が、いまこそ不可欠なのである。新路線選択に向けた結集軸の確立。さいわい日本の政治情勢にも、その芽はある。以下、そのことを考えていこう。

I

オバマ政権の対日政策スタッフ

オバマ政権のヒラリー・クリントン国務長官は09年２月16日、外国歴訪に出発したが、その最初の訪問国に選んだのが日本だった。長官は翌17日、中曽根外務、次いで浜田防衛大臣と会談するが、そこで確認したのはやはり「日米同盟の強化」だった（共同通信フォトセンター）。

オバマ政権「日本人脈」の顔ぶれ

〇九年一月、バラク・オバマ新大統領がホワイトハウスの主人となった。「チェンジ」と「アメリカの再生」をかかげての登場である。米国民の熱狂はさておき、全世界も、四六歳の、かつて奴隷とされた人種の血をひく大統領に新時代到来の喝采をおくった。就任演説で打ちだされた外交政策の基調では、「単独行動主義」から「国際協調主義」への復帰がうたわれた。選挙公約に据えられた「イラク派遣軍の撤退」と「核兵器廃絶へ向けた包括的な提案」の第一歩は、「日本への原爆投下の道義的責任」をみとめた「プラハ演説」(四月五日)で踏み出された。ブッシュ時代とはちがう外交・安全保障政策がしめされるのはたしかだろう。

対日政策立案者も一新されつつある。ヒラリー・クリントン国務長官のもとに、強力な対日外交スタッフが指名された。東アジア・太平洋担当国務次官補にカート・キャンベル、日本部長にケビン・メア。国防総省のアジア・太平洋担当次官補にウォレス・グレッグソンといった面々である。いずれも日米関係の表と裏舞台を知りつくした「知日派」たちだ。

ワシントンと東京をつなぐ日本駐在大使には、実業家ジョン・ルースが指名された。一月から五月まで各紙がつたえた「ハーバード大学教授ジョセフ・ナイに内定」の新聞辞令を裏切るサプライズ人事であった。

対日新チームをつなぐキーワード、それはブッシュ流「ハード・パワー」に代わる、オバマ流「スマート・パワー」の推進にある。軍事力はいぜん重要要素であるとされるが、たんにそれをふりかざすのではなく、技術力や文化・伝統力も「アメリカン・パワー」の一翼とみなし、マイクロソフトからハリウッド、マクドナルドまでを、「ソフト・パワー」のみなもととして駆使しようという政策の信奉者たちだ。ハード＝軍事力とソフト＝非軍事力を合体させ、抜け目なく（スマートに）使いわける国家安全保障政策。それがオバマ政権のかかげる「スマート・パワー」となる。「ヒラリー・チーム」の対日メンバーは、そうした「知日リアリスト」集団である。

注目すべき点は、顔ぶれこそ変わったものの、指名された対日チームは、ジョン・ルース新大使以外、日本とのつながりからみれば、けっして「新顔」といえない点だろう。どの履歴書にも、長く、濃い対日関係でつちかわれたキャリアがしるされている。

国務省の東アジア・太平洋担当次官補に任命されたカート・キャンベルは、シンクタンク「戦略国際問題研究センター」出身の論客で、クリントン政権時代にはジョセフ・ナイ国防次官補のもとで次官補代理をつとめた。のちにくわしくみる「新ガイドライン」策定交渉（九六～九七年）にあたっては、作業チーム責任者――米軍制服組の意向を日本側に受け入れさせる役割――として手腕をふるった。同時期の「普天間基地返還」と沖縄県内移設問題にもふかくかかわっている。いくたの対日報告書に名をつらね、日米交渉やシンポジウムでもつとに知られた「日米同盟のキーパーソン」の一人だ。

一方、ペンタゴンのアジア・太平洋責任者となったウォレス・グレッグソンは、元海兵隊中将。キャンベルとともにナイ次官補時代をともにしたのち部隊に復帰、〇六年まで沖縄駐留「第三海兵遠征軍司令官」の任にあった。在沖米軍全体のまとめ役「四軍調整官」もつとめ、いわば政治的軍人の顔をもつ「在沖米軍のスポークスマン」をこなした。沖縄で米軍がらみの事件が起きると、県民はかならずこの人の釈明を聞いた。その人物が、このたび軍服を脱いで国防総省のアジア・太平洋担当次官補になったのである。

ケビン・メアも、やはり「沖縄スクール」に属している。弁護士出身で、〇六年七月、「那覇駐在米国総領事」に着任、〇九年二月、国務省の対日政策の実務を統括する日本部長＝ジャパン・デスクに指名されるまで沖縄に住んでいた。定例記者会見をつうじ沖縄メディアとひんぱんに接触したが、「普天間基地移設問題」にかんし「県内移転・辺野古埋め立て・V字型滑走路案完全実施」の原則を一歩も譲らなかった。石垣港に米掃海艦二隻が、市長・市議会の一致した反対を押しきって入港（五月）したさいには、現地に乗り込んで先導役を果たした。地元記者のあいだでは「ゴリゴリの米権益擁護派」と受けとめられている。市民にもよく顔を知られていて、浦添《うらそえ》市のコーヒーショップでコーヒーをひっかけられる「被害」にも遭った。

以上の経歴にもかいま見えているが、これらメンバーのもうひとつの共通点は、九七年の「新ガイドライン」から、〇五年の「在日米軍基地再編」合意へとかたちづくられていった「日米安保協力の新段階＝安保再定義」の全経過に関与した民主党系「日本人脈」ということだ。とりわけ沖縄については事情にも土地カンにも通じている。ある者は軍服を着て、またある者は交渉のテーブルごしに日本側と相たいした。また改憲・集団的自衛権行使を要求する対日勧告書「アーミテージ報告Ⅰ、Ⅱ」（後述）の作成にさいしては、民主・共和の党派をこえて協力しあった。当然ながら「知日派」であっても、けっして「親日派」ではない。

なかでも、もっとも注目されたのは、対日外交チームの「東京所司代《しょしだい》」ともいえる駐日大使人事である。土壇場で差し替えられたものの、五月半ばの段階までハーバード大学特別功労教授のジョセフ・ナイが最有力候補だった。おなじハーバード大学教授で一九六一年から六六年まで駐日大使をつとめたエドウィン・ライシャワー以来、二人目の「学者大使」となるのは確実視されていた。ナイは「ソフト・パワー論」の主唱者にして、冷戦後の「安保再定義」から「米軍再編」にいたる「安保実質改訂」にみちすじをつけた人物として知られる。

事前予測を裏切って指名されたジョン・ルース新大使（正確には、五月一九日までに日本政府にたいし「アグレマン＝承諾要請通告」がもとめられた段階で、正式指名と議会承認をへてないが）は、外交キャリアをもっていない弁護士出身の実業家だったが、一方、ナイのほうは、冷戦後の日米関係に「安保再定義」路線を敷いた人物であり、またキャンベル、グレッグソン、メアら対日チームは、同時に「ナイ・ボーイズ」といって過言でない。

オバマ大統領は、現下の経済危機突破にあたり、企業法務出身の弁護士で企業経営者でもあるジョン・ルースが駐日大使にふさわしいと判断したのだろうが、ナイ自身もいぜん「知日派」重鎮として、オバマ政権の対日「スマート・パワー」政策に影響をあたえていくだろう。今後も対日キーパーソンの一人でありつづけることに変わりない。現在展開している「日米同盟」のながれ、すなわち「安保再定義」〜「海外派兵」〜「米軍再編」を理解するにも、ジョセフ・ナイの思想と行動をなぞっていくとよくみえてくるので、本章では、ナイという人物をとおした日米安保体制の変遷、およびそのもとでつくられた「新従属路線」の形成過程を検証していくことにしよう。

ジョセフ・ナイの人と思想

ジョセフ・S・ナイ・ジュニアは、著名な国際政治学者である。多くの著作のうち、とくに『国際紛争　理論と歴史』は、国際政治の理論入門書として版をかさね、日本の大学でもひろく教科書に採用されている（現在、原書第七版が有斐閣から発売中）。日本語に訳出されたのが〇二年の原書第三版からなので、国際政治に関心ある日本の若い世代にとって、まずナイは、歴史研究をふまえた世界政治の構造を講義する教授、安全保障と国際間の相互依存関係について、ペロポネソス戦争からイラク戦争まで縦横に論じつつ、「世界政治における紛争には一貫した論理があるのか？」と問いかける博識な学者の顔で知られる。

ジョセフ・ナイは、一九三七年、米ニュージャージー州の生まれ。プリンストン大学を卒業後、ローズ奨学生としてオックスフォード大学にまなび、二七歳でハーバード大学より政治学博士の学位を取得、六九年から同大学で国際政治学を教えた。『国際紛争　理論と歴史』は、そのために書かれた教科書である。

J.ナイ著『国際紛争・理論と歴史』（原著第７版）の邦訳本（田中明彦・村田晃嗣訳、有斐閣刊）

ナイの名を学界に高めたのは、いまでは国際政治学の共有概念となっている「地域統合理論」や「相互依存理論」を、伝統的な「一国型覇権」や「パワー・ポリティクス」（権力外交）理論に対置するかたちで提出したことによる。ナイは、国際間の対立・紛争とその解決に、国家の軍事・外交パワー以外の要因も分析対象として取りいれるべきと主張し、計量できない非軍事的な国家の力、また国家を越える地域間協調の可能性（オーバーラッピング）があることを指摘しつつ、それらを「国際レジーム」と呼んで覇権型の国際関係と区別してしめした。「垂直・上下」にかわる「水平・浸透」による帝国支配の構図、それが「ソフト・パワー」という考えの根源にあり、イラク戦争開戦後、ブッシュ政権の単独行動主義を批判するさいから本格的にもちいるようになった。オバマ政権の外交基調に採用された「スマート・パワー」のルーツとなる概念である。

クリントン政権の国防次官補、アーミテージの盟友

学者出身だが、ナイにはライシャワーとことなる点もある。それはナイが、若いころからワシントンで行政官としての豊富な経歴をもっていることだ。民主党が政権の座にいたカーター政権（七〇年代）とクリントン政権時代（九〇年代）、国務省と国防総省で政策立案ポストについた。ライシャワーが政治キャリアをあまりもたず駐日大使に指名されたのにたいし、ナイのほうは、大学と政権のあいだをひんぱんに行き来し、対日安全保障政策の立案と決定に政府当事者としてふかく関与してきた。その意味で日本にとっては、より

場なれした手ごわいアメリカの国益追求者といえる。

最初の政治歴は、カーター政権の国務次官補代理。ここで核不拡散問題やエネルギー政策の立案と調整にたずさわった（七七〜七九年）。つぎがクリントン政権時代のＮＩＣ＝国家情報会議（ＣＩＡ直轄のブレーン集団）議長（九三〜九四年）、国防次官補（国際安全保障問題担当、九四〜九五年）である。

このころからナイの名は、日本でも学界をこえて知られるようになり、とくに冷戦後における日米関係の礎石となった「安保再定義」のながれが、ナイ国防次官補主導のもとにすすめられたことで、メディアにもさかんに登場する名前となった。九五年発表された国防省文書「東アジア戦略報告」が、しばしば「ナイ・リポート」ないし「ナイ・イニシアチブ」（ナイ構想）とよばれることでもわかるように、この人物とこんにちの日米安保協力を切りはなすことはできない。

政権が共和党に移っている時期、ナイは、ハーバード大学にもどって教授や「ケネディ行政大学院院長」をつとめながら、『核戦略と倫理』、『国際紛争』などの著作のほか、外交評論誌『フォーリン・アフェアーズ』などを舞台に活発な言論活動も行った。近著に『ソフト・パワー』（〇四年）、『リーダー・パワー』（〇八年、いずれも日本経済新聞社発行）がある。対日関係の分野でも、「アーミテージ報告」と略称される包括的な戦略文書、「米国と日本——成熟したパートナーシップに向けて」（二〇〇〇年）および「米日同盟——二〇二〇年のアジアを正しく方向づけるために」（〇七年）の作成に参加し、「安保再定義」を「米軍再編」に発展させていく役割を果たしている。リチャード・アーミテージは、ブッシュ父子大統領のもとで国防次官補や国務副長官を歴任した共和党対日政策の「ドン」といえる存在であり、その人物と共同作業できる柔軟さもナイの身上である。

「ソフトパワーとは私が名付けた言葉だ」、とナイはいう。ブッシュ大統領がイラク戦争をはじめた翌年の〇四年ころから、共和党政権がすすめる「対テロ戦争路線」を批判しながら、この言葉を使うようになった。「ナイ発言」は、コラムやインタビューにいくつものこされているので、引用にことかかない。

「ソフトパワーとは、脅しやカネといった手段ではない、相手を自然に引きつけて、求めるものを手に入れる能力のことである。その手段は、文化や政治的理念や政策をベースにした力で、それほど多くのアメとムチを使わなくても、相手を思う方向に動かせるものである」（朝日新聞〇四年六月二日「世界の窓」）

「国際政治におけるソフトパワーとは、その国の文化、価値観、あるいは外交政策を通じて他国の人々を惹きつける力を意味する」（日経新聞〇四年一月六日「経済教室」）

このように「アメリカの覇権」維持の線に立ちながらも、方式はブッシュ路線と一線を画している。

ついでに、ナイの日本国憲法観をみておくと、

「私は憲法九条を改正すべきだとは思わないが、柔軟な解釈が必要だと思う。日本は今の段階でも、もっとできることがある」（東京新聞〇一年八月一一日「日米安保50年を聞く」）。

ナイは、海軍軍人出身のリチャード・アーミテージのように、公然と「9条改正」「集団的自衛権容認」を要求はしない。おだやかに「9条の柔軟解釈」を勧告する。そこにナイの対日「ソフト・パワー」の本質がある。だが根底でアーミテージの認識と一致していることは、「アーミテージ報告Ⅱ」を共同執筆していることからもうかがえる。また、日本の民主党が、新政権の安保政策に「米軍再編」や「日米地位協定」の見なおしをかかげていることについて、訪米した前原誠司元代表に向かい、「（そのような政策は）反米とみなす」と警告した発言（朝日新聞〇九年二月二五日）にも表されている。ここに「ナイ流ソフト・パワー」の限界、ないしストップラインがのぞいている。

著作『国際紛争』にみる政治的立場

ナイは、学者時代に提出した「地域統合」「相互依存」理論を、その後の政治生活のなかで練りあげ、「政策としてのソフト・パワー論」に仕上げた。はじめてこの概念を公表したとき、「ハードパワー」の代表格・ラムズフェルド国防長官（ブッシュ政権）も、そのシンポジウムに参加したひとりだったが、「ソフトパワーって、どんな意味なのか、私は分からん」と感想をもらしたそうだ（朝日、前掲コラム）。ナイみずからは、「タカ派」でも「ハト派」でもない「フクロウ派」だと自称する。国際政治学の文脈にあてはめれば、「リアリスト」（現実派）とも「リベラリスト」（理想派）とも一歩おいたコウモリ的な中間派ともみえる。

学者らしい風貌とオバマ・イメージから「タカ派色」は連想されない。だがナイのいう「自分はフクロウ派だ」とは、「コウモリ」のような折衷的な立場、ないし日和見主義を意味するものではない。「リベラリスト」でないことは、著作『国際紛争』のなかで、「リアリスト」の代表であるギリシャのツキュディディスがふんだんに引用、評価されていることとからも読みとれるが、一方、ブッシュのイラク政策批判でわかるとおり、単独行動主義はきびしく批判される。たぶん「フクロウ」とは、知恵の象徴とされる「ミネルバのフクロウ」に自身を擬した表現で、本心は「タカ派」にちかい「ネオ・リアリスト」とすべきだろう。

だから、著作と発言から推測するかぎり、ナイ新大使の日本での仕事ぶりは、ブッシュ大統領に任命されたベーカー大使やシーファー大使の「星条旗を背景にした」物言いとはちがった外交となるだろう。だが、ここにも「ストップライン」がある。

一例をあげると、核兵器の使用におけるモラルを論じた『核戦略と倫理』（一九八六年）でつぎのようにのべる。多くの日本人に受けいれられない主張である。

「……（世界の破滅という）破局は、核の技術にかならずしも生来備わっているものではない。『交戦法規』の基準をおかさないで核兵器の使用を想定することは、相当可能である。『中性子爆弾』のような核弾頭は、照準誘導システムや、戦車のうえで爆発する装置を備えれば、二つの世界大戦で使われた通常の破裂弾より小さなダメージをあたえることができ、しかも、ほとんど放射能性降下物がない。また、海上において、海戦の標的に使われる核兵器は、戦闘員と非戦闘員を区別する原則を完全に遵守することができる」

こうのべて、ナイは「政治的または技術的に、核戦争が限定される可能性がゼロであるというわけでもない」と論じる。つまり「限定核戦争容認論」である。この本が書かれた八〇年代は、レーガン大統領が「ヨーロッパにおける限定核戦争は可能である」とのべて中性子核爆弾の先制使用を示唆し、欧州全域で「反核草の根のうねり」と形容される広範な運動がまきおこっていた時期にあたる。

ここにみられる核兵器についてのナイの立場は、「限定核戦争容認」を理論づけた学者政治家の先輩、ヘンリー・キッシンジャーの論調にちかい。この本が冷戦期に書かれたことを割りびいても、こんにちの状況——日本の横須賀に「海戦の標的に使われる核兵器」を搭載可能な原子力空母など米第7艦隊の戦闘艦艇が常駐していることを考えると、日本人には見過ごしできない「核の倫理」である。

「ナイ・リポート」＝安保再定義

冷戦時代までさかのぼらなくとも、ナイが冷徹なリアリストであることの証明はできる。

一九九五年、国防次官補時代に書いた対日安保政策「ナイ・リポート」に、それが明確にきざまれているからである。本報告と、それにもとづく「ナイ・イニシアチブ」（ナイ構想）によって、ジョセフ・ナイの名は、日本の安全保障関係者のあいだに鳴りひびく。かれは冷戦後「日米同盟」の礎石をつくる人物となった。

一九九一年、「ソビエト社会主義連邦共和国」が崩壊し、ほぼ半世紀にわたった「東西冷戦」と呼ばれる対立の時代は終わった。同時にそれは、日本にとって「反共」と「対ソ」の基盤に立つ「日米安保条約」の対象国が消滅した事実を意味した。世界規模で対峙してきたアメリカの「不倶戴天の敵」、日本にとっては、海をはさむ「ソ連の脅威」が消えたのである。

「共通の敵」がいなくなったあとの日米安保体制をどうするか、それが日米外交・防衛当局者の命題となった。

自衛隊を育成し、日米安保を維持する理由——それは、日本海をへだてるソ連の軍事脅威への抑止力であり、また「シーレーン防衛」「三海峡封鎖」とは、ソ連海軍の通商破壊作戦から日本の海上通商路を保護するためなのだ、と素朴に信じこませてきた日本人に、それにかわる「安保の存在意義」および「存続の必要性」が説明されなければならない。

おりしも、日本国内にあっても「ミニ冷戦」が終了しようとしていた。一九五五年以来つづいてきた二極政治構造――自民党と社会党の「保・革対立＝五五年体制」が、一九九三年総選挙における自民党の大敗と宮澤喜一内閣の退陣、それをうけた「非自民七党連立」になる細川護熙《もりひろ》政権成立によって終了するのである。ここに自民党単独政権の時代は終わった。それは日米安保体制の一方の推進軸がうしなわれたことを意味した。

九四年二月、非自民連立政権として登場した細川首相は、首相直属の諮問会議「防衛問題懇談会」（座長、樋口廣太郎アサヒビール会長）を発足させ、日米安保協力を基礎にした自衛隊運用の基本文書「防衛計画大綱」の全面改定を指示した。「冷戦の終結に伴う国際情勢の大きな変化に対応した新たな大綱の骨格」づくりをすすめ、「中長期的観点からわが国防衛のあり方を検討する」のが細川の意図だった。安保見なおしと自衛隊縮小への政策転換が、タブーでなく開かれた会議で議論される時代になったのである。「懇談会」に提出されたペーパーには、「国際的安全保障」や「多角的安全保障協力」など、それまでにない用語があふれ、「日米安保協力」より上位におかれた。

議論開始から二か月後、細川内閣が「佐川急便借入金疑惑」を理由に突然総辞職したので、細川に「懇談会報告書」（樋口リポート九四年八月）を受けとり、実行する機会はめぐってこなかった。しかし、太平洋の対岸で議論の推移を見つめていた米側当事者の眼には、東京での議論が日米安保の危機、すなわち「同盟漂流」と映った。「樋口リポート」は、国連のもとでの「多角的安全保障協力の推進」を「日米安全保障協力関係の機能充実」より優先させようとしている。なんとかしなければならない。日米安保を、あらためて長期的目標に据えなおす必要がある。ワシントンの「知日派」グループ（『ジャパン・アズ・ナンバーワン』の著者エズラ・ボーゲル、ライシャワー東アジア研究センター所長代理のマイケル・グリーン、元国務相日本部長のポール・ジアラ、米国平和研究所調査部長のパトリック・クローニンら）が動きだした。

その中心にいたのがジョセフ・ナイであり、「樋口リポート」に対抗するかたちで米側から提出された文書が、「ナイ・リポート」（九五年二月発表）なのである。

ナイは、この時期すでにクリントン政権の国防次官補就任（九四年九月）が内定していた。したがって「ナイ・リポート」作成はペンタゴンにおける初仕事となり、同時に公式文書ともなった。正式名称を「第三次東アジア・太平洋に関する米国の安全保障戦略報告（ＥＡＳＲⅢ）」という。ふつう次官補クラスの個人名が政府公式報告に冠せられるのはないことだが、そうなったのは、ナイのつよい主導（イニシアチブ）のもとで作成されたからだ。当時、防衛庁防衛局長で後に次官となった秋山昌廣は、「ナイが中心となって作成したEASRはその後の日米安保の再確認ないし再定義に大きな影響を持ったことから、その一連のプロセスはナイ・イニシアチブと呼ばれる」と書いている（『日米の戦略対話がはじまった　安保再定義の舞台裏』亜紀書房、〇二年）。

「ナイ・イニシアチブ」は、日本を直撃し、細川政権後の日米安保体制を変質させる爆弾となった。「日米同盟」という表現が公式に登場した最初の文書、それが「ナイ・リポート」である。九五年末には大学に戻ったので在任期間は短かったが、以後の日米安保史は、かれの敷いたレールの上を走ることになる。

「ナイ・リポート」での日本への要求

「ナイ・リポート」によって打ちだされたのは、日米安保条約を改定することなく、べつの枠ぐみのもとに据えなおす、目標をかえて存続させる政策転換の提起、すなわち「安保再定義」である。冒頭、以下のように書き起こされる。

「安全保障は酸素に似ている。酸素がなくなりかけて初めて、人はその存在に気づく。

アメリカの安全保障プレゼンスは、東アジア発展のための〝酸素〟提供を支援する役割を果たしているのである」

安全保障を〝酸素〟にたとえる、たくみな比喩をもちいながら、ナイは、安保条約を〝なくてはならないもの〟とみせかけ、「われわれの安全保障の焦点を、冷戦後の新たな課題に当て直す」と宣言したうえで、日米安保の意義をアジア太平洋地域にひろげながら大きな情勢分析を行った。最初の項目、そして最大のスペースが日本関連記述にさかれ、そこで日米安保協力にあらたな意義づけがあたえられた。

「日米間のパートナーシップを強化する。日米関係は（米世界戦略の）基本的なメカニズムとして貢献しており、われわれはこの関係を通じて、地域と世界の安全保障を協力して推進している」

「日米関係ほど重要な二国間関係は存在しない。日米関係は、▽米国の太平洋安全保障政策、▽米国の地球規模の戦略目的、の二つの基盤となっている。日米の安保同盟は、アジアにおける米国の安全保障政策のかなめ（linchpin）である。この同盟は、米国と日本からだけでなく、この地域全域から、アジアにおける安定を確保するための重要なファクターとみなされている」

ここで安保条約の目的と範囲が、一九六〇年の安保改定以来いわれてきた「日本防衛」と、「極東の範囲における米軍基地使用」の次元からいっきょに拡大されていることがわかる。ここに書かれたような「地域と世界の安全保障」「地球規模の戦略目的」などという安保協力の枠ぐみを、かつて日本の政府当事者が国民に説明したことはない。

このように「ナイ・リポート」は、冷戦後の安全保障環境について「再定義」し、日米安保条約に新目標を設定する一方で、日本はじめアジア太平洋地域に駐留する米軍兵力の削減を否定し、

「予見しうる将来、現有一〇万人の兵力で前方展開のプレゼンスを維持する」

とした。「一〇万人体制の維持」、これがのちに「在日米軍基地再編」につながっていく。その「プレゼンス維持」のため、日本にたいし、さらなる財政支援がもとめられる。「米国の納税者にとっては、戦力を前方展開しておく方が米本土内に配備しておくより、負担が軽いものになっているから」である。リポートはつづける。

「アジアと太平洋における米国の安全保障政策のよりどころは、在日基地へのアクセスと米国の軍事行動に対する日本の支援である。（略）日本は、米国のいかなる同盟国にも

増して、米軍受け入れ国としての群を抜く寛大な支援を提供している。日本はまた、われわれの軍事行動・演習に対して安定的かつ確実な環境を提供している」。

ナイは、日本の対米財政貢献が「総額で毎年四〇億ドル強の規模」にたっし、「このほかに施設建設費を年間約一〇億ドル負担している」実績を評価しながら、経費支援の継続をもとめるのである。じっさい、冷戦後においても米軍駐留経費に減小はみられなかった。

以上のように、九〇年代の安保体制は、日本側に「自民党単独政権の終了」という大きな変動があったにもかかわらず、その後のながれは、ジョセフ・ナイの「安保再定義」路線に乗っとられる結果となり、転機とはならなかった。「樋口リポート」にもられた国連中心の「多角的安全保障」は、復権した自民党から無視され、「防衛計画の大綱」に反映されることはなかった。

一方「ナイ・イニシアチブ」のほうは、翌九六年の「橋本・クリントン共同声明」、さらに九七年「新ガイドライン決定」、九八年「周辺事態法制定」へと受けつがれ、〇一年、「9・11テロ」後の「海外派兵」「有事立法」に結実していく。

こうして、自民党単独政権の終了という「国内ミニ冷戦の終結」は、対米依存・従属体制からの離脱の契機とはならず、ジョセフ・ナイの手腕により、「安保再定義」「日米同盟」

を用語として定着させ、かつ自・公連立政権のもと、「日米共通戦略」という対米従属の実態をさらに強化・拡大する方向にみちびくのである。

問われている「対抗構想」

現在もまた、「ナイ・リポート」作成時と同様、日本の政治は揺れている。自民・公明党連立政権が国民の支持をうしない崩壊しつつある。戦後史に照らすと、自民党につらなる保守が政権の座からはなれるのは、片山哲内閣（一九四七・五〜四八・三）、細川護熙内閣（一九九三・八〜九四・四）、村山富市内閣（九四・六〜九六・一）のごくみじかい期間だけで、保守はすぐに長期政権に復帰した。だが、今回はすこし様相がちがう。自民党政治の衰退ばかりでなく、アメリカの政治情勢変化とも同調し、さらに世界経済の危機克服およびあらたな国際協調への期待と連動しているからである。自民党にかわる政治は、より大きく世界政治に日本の存在をしめす契機――二一世紀型安全保障政策発信の機会としてとらえうる。

そのような時代にめぐりあって、では、日本の安全保障政策を転換する、すなわち「さらなる対米従属か、自立への道か」という課題に向けて、なにができるのか？　時代を切り拓くのか、それとも失敗を繰りかえすのか？　問われているのはそのことである。いまほど「対抗構想」が必要な機会はない。

アメリカにおける「変化の芽」にも大きな注目をはらうべきである。ジョン・ルース大使の人と思想はまだ不明だが、かれを任命したのは「チェンジのオバマ」である。もし日本の新政権が、具体的に非軍事的な国際協力策を提案しつつ、その一方、「米軍再編見直し」や「日米地位協定改定」といった日本からの「安保再定義」を選挙公約（マニフェスト）に民意を反映させて成立し、日米関係の枠ぐみ再構築を提起するなら、米側はそれをむげに拒否できない。すくなくとも交渉に応じるだろう。

したがって、「ナイ・リポート」以後つづいてきた対米従属のふかまりを、日本が「9条ソフト・パワー」にたって「チェンジ」の方向に逆転させる可能性はじゅうぶんにある。いま、ボールは日本側のコートにあると判断できる。憲法理念に立ちつつも、現実的で国民に支持される安全保障の構想力、そのような対米発信力を持ちうるか否か、それを民意としてしめせるかどうかが問われているのだといえる。

以上見てきたように、九五年の「ナイ・リポート」発表以後、「安保再定義」（日本側表現では「安保再確認」）という対米従属路線のあらたな段階、べつの言葉でいえば「実質的に改定された安保」の時代がはじまったのである。それは、「条約改正」という正規手続きを踏むことなく、「政治宣言」（橋本・クリントン共同声明）と「政府間合意」（新ガイドライン合意、米軍再編合意）によって、安保協力を条約をこえた次元に押しあげる裏わざであった。背景に、日米両政府とも「安保再改定」などとうてい日本国民の受けいれるところとはならない、との政治判断があったのであろう。改定させなかったという点で、それを「護憲勢力の抑止力」と呼べなくもないが、結果として「新ガイドライン安保」への道を止める役には立たなかった意味で力不足を自認しなければならない。

その「宣言と合意」の集積がいま「日米軍事一体化」「自衛隊海外派兵」「在日米軍基地再編」の三点セットからなる追従の深化となってあらわれたのである。「再定義による安保改定」、その新従属体制をつくったアメリカ側の起爆薬が、「9・11テロ」（〇一年）と「ブッシュの戦争」（アフガニスタン〇一年、イラク〇三年）だとするなら、日本側で仕上げ役を果たしたのは「小泉劇場」の五年半（〇二〜〇六年）と「安倍政治の三六四日」（〇六〜〇七年）であった。後世の歴史家は、この時代を二人の首相の発言とともに「安保と憲法9条の自由解釈期」と呼ぶことだろう。

この期間に起こった安保構造の変化をひと言でいうと、憲法と安保をつないできた細くきわどい解釈の糸が決定的に断ち切られたことである。条約としての六〇年安保は、ともかくも「9条の基盤」に成りたっていたのだが、九〇年代の「宣言と合意」による自由解釈のもと（司法面では、なお名古屋高裁の「自衛隊イラク派遣違憲判決」のように、かろうじて存在しているが）、安保行政からは実質的にうしなわれた。

その過程は三つの側面から検証できる。第一に「新ガイドラインの国内法への反映」（武力攻撃事態法〜国民保護法など対米後方支援と有事立法）、第二に「地球規模の協力としての自衛隊海外派兵」（インド洋補給活動〜イラク戦争支援のための部隊派遣）、第三に「在日米軍再編・日米軍事司令部の統合」である。これらは、六〇年安保の正統的解釈からはみちびきだすことのできない決定的な断層である。

同時に、「新ガイドライン安保」の影響が軍事協力面のみにとどまらず、「有事法制」と呼ばれる一群の法制定をつうじ国民生活の領域——基本的人権の制約や地方自治統制にまでおよんだことも、「安保体制の地域浸透」という意味で重大である。「新ガイドライン」

には、米軍海外活動への「後方地域支援」の提供だけでなく、「地方公共団体」「指定公共機関」（企業）の責務が規定されている。アメとムチによって自治体に基地を受けいれさせる「米軍再編促進特措法」もその一つである。

そしてさらに自衛隊活動における「地球規模の協力」がつぎのステップ――「ソマリア海賊」を口実にしつつ、自衛隊の「海上警備行動」がアフリカ海域まで拡大され、かつ「海賊対処法案」に波及していったのも無関係といえない。最終的に「海外派兵恒久法」制定――集団的自衛権の実質行使へと高めるのがねらいであることに疑問の余地はない。

とはいえ、一方で、自民党政権が国民多数の信頼と支持をうしなっていった理由（さまざまだがそのひとつ）に、歯どめを欠いたままとめどなく進行していく対米従属路線にたいする国民の不信と不安もひそんでいるのではないだろうか？　明確に意識されなくとも、底流に「こんな日米関係に、もううんざりだ」「現状をなんとかしたい」という思いがあるにちがいない。ほとんどの世論調査によって9条支持の民意が多数を占めている事実を考えると、「アメリカの戦争」への加担や「海外派兵」の常態化に国民が同意しているとは思えない。「戦後レジームからの脱却」を鮮明にした安倍政権が〇七年参院選で惨敗した（その結果、インド洋補給支援活動は一時停止された）理由には、そのような「草の根民意」がひそんでいるとも受けとれる。

そうであるならば、欠けているのは護憲側の「対抗構想」のほうではないのか？「テロ・海賊対処」、また「北朝鮮のミサイル開発」を名分とした自衛隊の活動拡大に一定の支持があつまるのは、いやいやの同意であり、いわば「善人の不安」や「正直者の動揺」につけこまれた結果ではないのか？

もしいま、対抗政策として「対米依存脱却」「9条具現化」へ向けたオールタナティブ（選択肢）がしめされるならば、国民多数は、それを選ぶのではないだろうか。世界最大の海上警察・海上保安庁（巡視船艇総数は海上自衛隊艦艇を上まわる）を保有しながら、「海賊対処はまず自衛隊で」の政策がまかり通るのは、ナイ流にいえば、日本人のほうに「9条をソフト・パワー」として使いこなす発想が欠けているからかもしれない（海保の役割については最後のⅣ章でのべるが、もともと「軍隊をもたない日本」なので、国境警備・海上救難・海上交通の安全確保のために大型巡視船だけで五一隻、航空機七三機、人員一万二〇〇〇人余の海上法執行組織がつくられたのであり、また北方海域や尖閣諸島周辺での警備実績にてらしても、「海賊対策は手にあまる」などという海上保安官はいないはずだ)。

ナイのいうように、「安全保障は酸素に似ている」のなら、護憲側から「9条のもとの安全保障」というクリーンな酸素が、「脱従属の対抗構想」として、また「目に見える安全保障の選択肢(オールタナティブ)」のかたちで、いまこそ提案されるべきである。

Ⅱ

自衛隊は、アメリカがつくり、育てた

1950年８月、警察予備隊が創設される。名称は「警察」だったが、隊員たちは重機関銃の実弾射撃訓練も行っていた（写真は群馬県相馬ケ原演習場で、1951年12月１日。共同通信フォトセンター）

軍事における「対米従属」の時代区分

日本の安全保障の未来形、「どうするか?」にはいるに先だって、「これまではどうであったのか?」という問題、つまり「対米従属路線」が、どのように形成されてきたのかを知っておかなければならないだろう。そこで、戦後の日本政治がアメリカのアジア戦略に組みしかれていく「従属化」のながれ——「安保と自衛隊の歴史」をざっと見ておこう。「ナイ・リポート」の前提となった、それ以前の「軍事における日米関係史」である。「日米関係の軍事戦後史」を大まかに時代区分すると、つぎのようになる。

①　**第1期　占領期**　一九四五年〜　GHQ（米占領軍総司令部）による支配——日本政治の間接統治時代。旧陸海軍は解体され、職業軍人が公職から追放された。しかし朝鮮戦争を機に「警察予備隊」創設命令にいたる。米軍直接指揮のもとで再武装が開始され、旧軍人が復職した。

②　**第2期　冷戦期**　一九五二年〜　「対日平和条約」による独立の回復。しかし同時に

締結された52年安保条約と、その後の60年改定安保により「日本再軍備」が条約と法律両面によって推進され、「日米安保」下の従属関係が発生、固定化する。

③ 第3期　冷戦後　一九九五年～「ナイ・リポート」以後の「安保再定義」から「米軍再編」への実質改定の展開により「日米同盟」(Japan-U.S. Alliance) へと変質し、かつ「軍事一体化」へと従属が拡大していく。さらに「9・11以後」の海外派兵。

右の時代を、それぞれの「米世界戦略」下の「対日政策」で見ると、各時代の「従属の特徴」が浮かびあがる。

1 占領期…「羊の従属」——米側の対日政策の位置づけ。「太平洋の対岸にふたたび強大な日本をつくらない」、「日本人の精神年齢は一二歳である」(マッカーサー将軍の言)

・初期占領政策⇩「日本の非軍事化と民主化」、「日本は、東洋のスイスたれ!」

・冷戦開始による政策修正⇓西側陣営のみとの平和条約による独立承認（サンフランシスコ平和条約）、しかしそれとセットとなった日米安保条約締結。「米管理下の再軍備」奨励。

2 **冷戦期…「牧羊犬の従属」**――米側の位置づけ。「極東における反共戦略のキーストーン」

・ソ連沿海部に対する防波堤⇓「不沈空母」としての日本列島の活用、その番犬。

・自衛隊の拡充要請⇓三海峡封鎖、シーレーン防衛、リムパック演習、その狩猟犬。

3 **冷戦後…「闘犬の従属」**――米側の位置づけ。「アジア太平洋地域における米安全保障政策のリンチピン」、「任務・役割・能力の分担」

・「ナイ・リポート」⇓「日米安全保障共同宣言」「新ガイドライン」「周辺事態」。ポインターの役割。

・自衛隊の海外派兵⇓「ショウ・ザ・フラッグ！」（インド洋へ海自）、「ブーツ・オン・ザ・グラウンド！」（イラクへ陸自）。ブルドッグの役割。

以上の三つの時代を通観すると、アメリカの対日政策の骨格がくっきりと浮かびあがる。

すなわち第一に、太平洋の対岸にアメリカに刃むかう軍事強国・日本をふたたびつくらない戦略。第二に、日本をつねにアメリカに引きつけておきアジアから切りはなす政略。第三に、日本の人的・物的能力をアメリカの国益と世界戦略のために利用する遠略である。

国際情勢と共和・民主両政権の対外政策によって時期的な変動があるものの、日本の軍備を管理し監督するという姿勢は一貫してゆるがなかった。再軍備は奨励しても核武装は許さなかったし、日本のアジア接近を阻止するため、アジア諸国に向けて「在日米軍は日本を防衛していると同時に、日本の軍事大国化を抑制しているのだ」というメッセージがたえず発信された。日本をアメリカのもとで「安保の保護領」下におき、そのことにより、アジアがおそれる「軍国日本の復活」を封じ込める、という「二重封じ込め論」である。沖縄海兵隊司令官のスタックポール中将がかつてのべたような「ビンの栓《せん》」、つまり日米安保という「栓」が抜けると、中から軍国日本が飛び出してくるという脅しである。安保に「二重の意味」（アメリカに引きよせる・アジアから切りはなす）をもたせること、それがアメリカにとっての対日政策の核心であった。

たしかに、いまや日本の軍事力は中東からアフリカ沖にまで展開するにいたった。しかし「ビンの栓」理論のほうも「米軍・自衛隊の一体化、指揮権統合」によって、しっかりと米側の手に維持されている。対日と対アジア「二重の拘束性」はいぜん健在である。したがって目下進行中の「米軍再編」とは、日本人の税金で「ビンの栓」を固くする（または自分を閉じこめる牢獄を厳重にする）ための対米貢献であり、愚行の本質においていささかも変わりないといえる。

以上の時代区分を念頭において、「日米安保・防衛史」をたどってみよう。われわれは、どこから来たのか？　しばらくそれを「歴史軸」で概観してみる。当然、「日本国憲法」が制定された一九四〇年代にさかのぼらなければならない。

9条――焼け跡の祈りと誓い

一九四五年八月一五日。日本人は、文字どおり焼け野原のなかで敗戦の日を迎えた。九か月間にわたったB‐29爆撃機による一〇〇回以上の連続空襲によって東京市街地の八割が焼失し、推定一〇万人以上が死亡、被災者は一〇〇万人にのぼった。市街の七〇パーセント以上を焼失した国内都市は三二、民間人死者五六万人にたっした（政府統計）。広島と長崎には史上初の原爆攻撃がくわえられ、広島市は九二パーセントが一瞬にして瓦礫と化した。国土で唯一地上戦を体験した沖縄では、兵士をはるかに上まわる県民が戦争に巻きこまれて命を落とした。兵士をふくめ三一〇万人の日本国民が戦争の犠牲になったと算定される。

その焼け跡のなかで、連合軍（実質的には米軍）による「日本占領時代」がはじまったのである。司令官ダグラス・マッカーサー元帥は、「降伏後における初期対日方針」にもとづいて、軍の解体、戦争犯罪者の逮捕、民主化（婦人解放・労働組合結成奨励・農地解放・学校教育の民主化）などの改革を日本政府に命じた。「帝国憲法の改正」も、その一つにふくまれていた。

マッカーサーがしめした憲法改正の「三原則」——①天皇の職務および機能は憲法にもとづき行使される。②国権の発動たる戦争は廃止する。③封建制度は廃止される、をもとに「GHQ（総司令部）草案」が起草・提示され、これを受けた日本政府は、帝国議会に「帝国憲法改正特別委員会」を設置して条文審査（GHQ草案の削除・追加・用語変更）などの討議を行い、四六年一〇月八日、「日本国憲法」が衆議院で可決成立、一一月三日公布、翌四七年五月三日施行された。

以上の流れからみて、憲法の制定過程と内容に占領軍の意志がはたらいていたことは疑

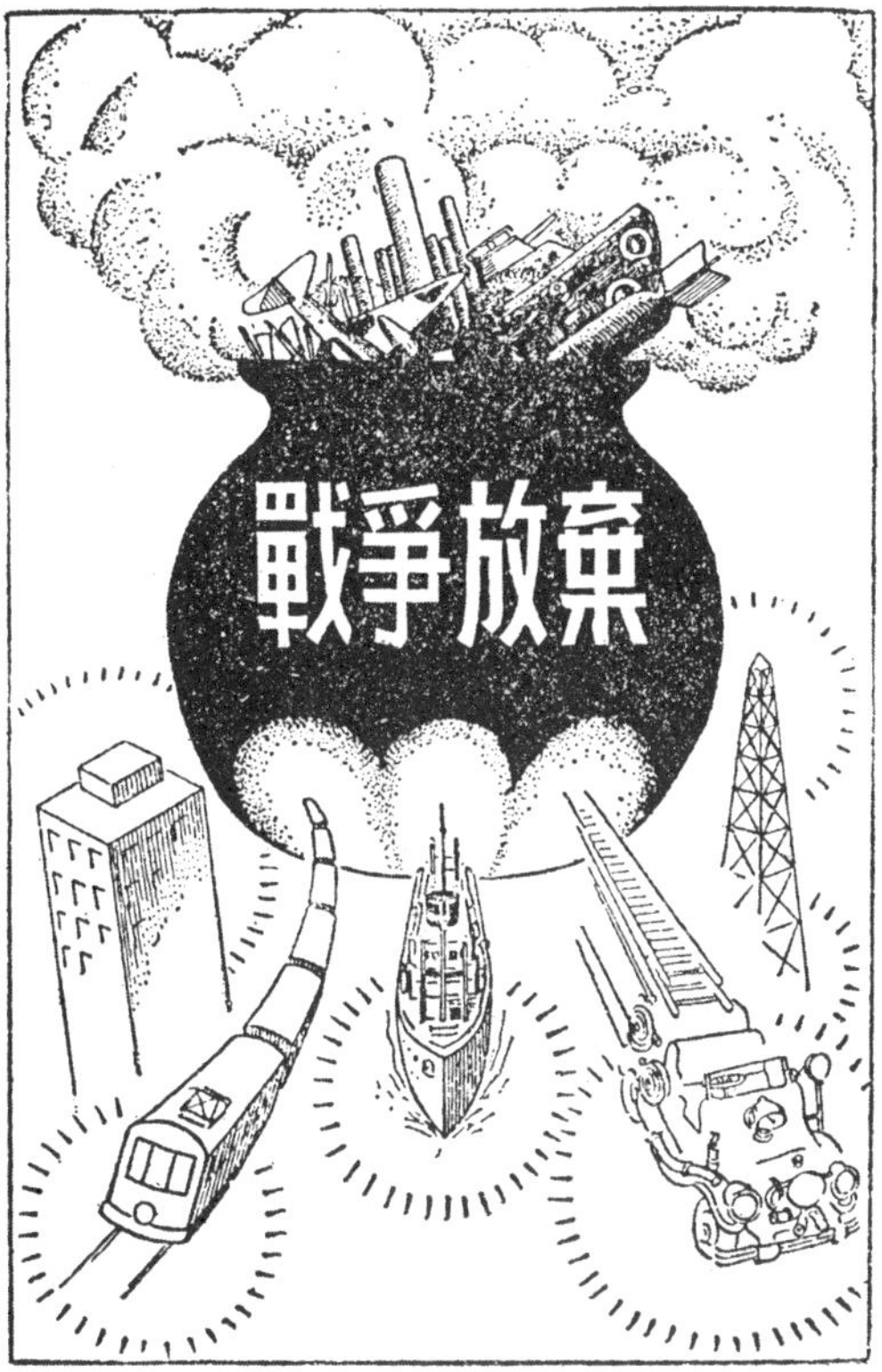

文部省作成『あたらしい憲法のはなし』の９条の解説に付けられたイラスト。戦車や大砲を投げ込んだ溶鉱炉から、電車や消防車が生み出されている。

いようがない。しかし一方、ＧＨＱ草案には「憲法研究会」や「憲法懇談会」など在野の学者が作成したさまざまな「民間憲法草案」が影響をあたえ、反映されていたこともまた事実である。議会審議は四回の会期延長をかさね一一四日間におよんだ。けっして一方的に「押しつけ」られたものではない。

新憲法が公布されると、帝国議会に「憲法普及会」（会長・芦田均憲法改正特別委員長）がつくられ、その編纂になる『新しい憲法　明るい生活』というタイトルの小冊子二〇〇〇万冊を印刷、国内全世帯にくまなく配布された。また文部省は『あたらしい憲法のはなし』という中学校一年用の社会科副読本を発行し、憲法が施行された一九四七年度から新制中学校の生徒は、この教科書ではじめて9条に接することとなった。すべての漢字にルビがふられ平易な記述で解説されている。一部を引いてみる。

「みなさん、あたらしい憲法《けんぽう》ができました。そうして昭和《しょうわ》二十二年《ねん》五月三日《がっか》から、私《わたくし》たち日本国民《にほんこくみん》は、この憲法《けんぽう》を守《まも》っていくことになりました。」

こう書きおこされ、第九条「戦争《せんそう》の放棄《ほうき》」の解説がつづく。

「みなさんの中《なか》には、こんどの戦争《せんそう》に、おとうさんやおにいさんを送《おく》り出《だ》された人《ひと》も多《おお》いでしょう。ごぶじにおかえりになったでしょうか。それともとうとうおかえりにならなかったでしょうか。また、くうしゅうで家《いえ》やうちの人《ひと》を、なくされた人《ひと》も多《おお》いでしょう。いまやっと戦争《せんそう》はおわりました。二度《にど》とこんなおそろしい、かなしい思《おも》いをしたくないと思《おも》いませんか。こんな戦争《せんそう》をして、日本《にほん》の国《くに》はどんな利益《りえき》があったでしょうか。何《なに》もありません。ただ、おそろしい、かなしいことが、たくさんおこっただけではありませんか。戦争《せんそう》は人間《にんげん》をほろぼすことです。世《よ》の中《なか》のよいものをこわすことです。だから、こんどの戦争《せんそう》をしかけた国《くに》には大《おお》きな責任《せきにん》があるといわなければなりません。」

「そこでこんどの憲法《けんぽう》では、日本《にほん》の国《くに》が、けっして二度《にど》と戦争《せんそう》をしないように、二《ふた》つのことをきめました。その一《ひと》つは、兵隊《へいたい》も軍艦《ぐんかん》も飛行機《ひこうき》も、およそ戦争《せんそう》をするためのものは、いっさいもたないということです。これからさき日本《にほん》には、陸軍《りくぐん》も海軍《かいぐん》も空軍《くうぐん》もないのです。これは戦力《せんりょく》の放棄《ほうき》といいます。「放棄《ほうき》」とは「すててしまう」ということです。しかしみなさんは、けっして心《こころ》ぼそく思《おも》うことはありません。日本《にほん》は正《ただ》しいことを、ほかの国《くに》よりさきに行《おこな》ったのです。世《よ》の中《なか》に、正《ただ》しいことぐらい強《つよ》いものはありません。」

「みなさん、あのおそろしい戦争《せんそう》が、二度《にど》とおこらないように、また戦争《せんそう》を二度《にど》とおこさないようにいたしましょう。」

日本の戦後は、ここからはじまったのである。

９条をつくり、破ったマッカーサー

一九五〇年六月まで、憲法第９条は、『あたらしい憲法のはなし』『新しい憲法 明るい生活』とともに実質的な意味を持っていた。連合国（米軍）による占領下にあったとはいえ、「陸海空軍その他の戦力」は存在しなかった。海軍なきあとの海上警備力として「海上保安庁」がつくられた。吉田茂首相は、日本のすすむべき道は、憲法前文にいう「諸国民の公正と信義に信頼した安全と生存」を実現することであり、その道は「国際平和団体（国連）の樹立によって、あらゆる戦争を防止する」方向である、との立場をたびたび表明した。また、アメリカの「初期対日政策」も日本の非軍事化、国連のもとの安全保障におかれていた。

ところが、一九五〇年六月の「朝鮮戦争」発生をきっかけに対日占領政策が一変する。占領軍総司令官ダグラス・マッカーサー元帥は「警察力の増強期に関する書簡」を吉田首相におくり（七月）、「警察予備隊」の創設を命じた。陸上部門七万五〇〇〇人からなる武装部隊を即刻設置せよという指令である。組織・編成の細目は日本政府が立案することになり、わずか一か月あまりの期間で隊員募集と部隊配置を完了した。制定された「警察予備隊令」によると、警察予備隊は内閣総理大臣直属の警察隊であり、目的は、

「わが国の平和と秩序を維持し、公共の福祉を保障するのに必要な限度内で、国家地方警察及び自治体警察の警察力を補う」ことにあり、その任務は、

「治安維持のため特別の必要がある場合において、内閣総理大臣の命を受け行動する」とされた。

なぜ、このようなことになったのか。もちろん直接には、朝鮮戦争にアメリカが参戦したことによる。いちばん手ぢかな戦力である日本占領軍を根こそぎ朝鮮戦線に投入した結果、その後に生じた権力の空白を日本人の手で埋めさせる必要があった。同時にまた、戦争発生前からアメリカの対日政策に変化が生じていた。原因は「東西冷戦の開始」である。二次大戦中同盟関係にあったアメリカとソ連とのあいだに、戦後、双方のイデオロギーにもとづく不和と敵意、「コールド・ウォー」と呼ばれる対立が生まれると、米トルーマン政権は、敗戦国の西ドイツと日本を、「対ソ戦略」の第一線に立たせるべく「占領政策の転換」を行った。つまりアメリカは、「東洋のスイス」よりも「反共の防波堤」としての日本のほうをとったのである。反動政策は「レッド・パージ」（赤狩り）や「逆コース」（民主化是正）となって労働運動や民主化運動に打撃をあたえた。

それでも、国民の圧倒的な支持を受けている9条を破棄して「再軍備」を命じることまでは、さすが占領軍にもできない。そこで「ポリス・リザーブ」――警察力の予備力という名目で「偽装」する方法をとったのである。結果、国会による審議も承認もいらない「マッカーサー書簡による命令」実施のための占領軍命令、すなわち「ポツダム政令」による設置となった。マッカーサーが「三原則」をしめし、制定に影響力を行使した9条をみずから破ったことになる。こんにち自衛隊として存在する「日本再軍備」最初のステップが、こうして踏み出されたのである。

ほかならぬ占領軍内部でも、このやりかたは異様なものと映った。警察予備隊創設の実務を命じられた米軍事顧問団幕僚長、フランク・コワルスキー大佐――のちにケネディ政権の閣僚になった人物だが――は回顧録『日本再軍備』(初版一九六九年、中公文庫)に、こう書きのこしている。

「アメリカおよび私も個人として参加する『時代の大うそ』が始まろうとしている。これは、日本の憲法は文面通りの意味を持っていないと、世界に宣言する大うそ、兵隊も小火器・戦車・火砲・ロケットや航空機も戦力でないという大うそである。人類の政治史上恐らく最大の成果ともいえる一国の憲法が、日米両国によって冒涜され蹂躙されようとしている」。

サンパチ銃から自動小銃へ――軍艦旗と日の丸だけは変わらなかった

それにしても、警察予備隊は奇妙な軍隊だった。軍隊の外見をもちながら、表むき、隊員は「警察官」としてあつかわれた。階級名でみても、将校クラスに「警察正」、下士官は「警察士」、兵には「警査」の名称があたえられた。公職追放中の旧職業軍人は一人も採用されなかった。

第一陣の配備先は北海道だった。その理由は、「目と鼻の先にあるソ連占領下の樺太《からふと》には、日本人共産主義者によって編制された二個師団が展開しているという、恐ろしいうわさがあった」（コワルスキー）からだ。第一次入隊者七五五七人は、ただちに北海道の米軍キャンプにおくられた。もういちどコワルスキーの回顧でたどると、

「われわれは、状況の重大さにかんがみ、北進中の新隊員に、列車内でカービン銃の装《そう》塡《てん》、発射を教えるために、米人教官数名を予備隊専用列車に乗り込ませた。新入隊員の多くは、二、三日前まで普通の生活をしていたもので、二日間募集センターで入隊手続きをすませ、列車に乗せられて行先に着くまで、車内で射撃の訓練を受けたのである」。

ここにあるカービン銃とは、米陸軍が大戦中につかったM１歩兵銃のことだ。半自動ながら三〇発の連射がきく。旧日本陸軍の基本装備であった「三八式歩兵銃」（明治三八年制式化されたサンパチ銃）の単発、装塡弾数五発とくらべると、かくだんに軽量で威力が高かった。「警察官」として採用された新隊員は、つい五年前まで、戦場で米兵が自分た

ちに向けていた銃を、いまソ連兵と戦うため手にさせられたのである。

違和感は、キャンプ到着後もつきまとう。銃だけでなく、指揮権も米軍に握られていたからだ。北海道新聞の記者だった奥田二郎著『北海道米軍太平記』（一九六一年刊）は、つぎのように書いている。

「入隊者はみな二等警査だから、中には選挙によって部隊長や小隊長をきめたり、英語ができるので米将校の指令で、二等兵からイキナリ連隊長に躍進したり、旧軍歴のある者は一歩前へで、真偽をたしかめず幹部要員にしたり、めちゃくちゃなものだった」。

防衛庁編『自衛隊十年史』（一九六一年）にさえ、つぎの記述がのこされている。

「この期間は米軍指揮官（Camp Commander）が、事実上人事の一部および管理、運用の命令権の大部を握る形となったため、キャンプによっては時として隊員との間に意思の疎通を欠き、感情のもつれをきたしたところもあった。

これらの部隊の指揮統率は米軍指揮官によって選抜された仮部隊長および各級指揮官によって行なわれたが、この仮部隊長等の選定にあたって、不適切な事例もあるとして隊内に不満の声が生じ、部隊の統率はなかなか容易ではなかった。

いっぽう、米軍キャンプに到着した隊員は、事情不明のまま、いきなり米軍の指示をうけることになったので、その動揺も激しく、少数ではあるが、これを不満として退職する者さえあった」。

指揮・訓練マニュアルにいたるまで、「借り物」の米式だった。カービン銃だけでなく、武器もことごとく米軍供与にたよった。「警察予備隊」なので大型・攻撃兵器は保有できないとされ、当初、装備は機関銃、ロケット発射筒、迫撃砲など軽火器にとどめられたが、「これらはすべて使用のつど米軍から借用していたものだった」と『十年史』は書いている。

もちろん、「サハリン（樺太）にソ連軍集結」のうわさは、根も葉もなかった。

ホップ・ステップ・自衛隊

このようなドタバタ劇を織りまぜながらはじまった「偽装再軍備」だったが、その後の国際情勢が、米・ソ冷戦の激化、朝鮮半島での「休戦」（五三年）以降が一触即発のにらみ合いへと固定するなか、警察予備隊という「ひよこ」は、やがて「にわとり」にそだっていく。アメリカによって主導された「警察予備隊」～「保安隊」～「自衛隊」へのホップ・ステップ・ジャンプ。米人顧問団・米製兵器・米軍との共同訓練……その一貫した対米依存体質が、こんにちにいたる「日本の軍隊のDNA（遺伝子本体）」となるのである。

警察予備隊発足から二年後、日本との戦争状態終了が国際法で認知される「サンフランシスコ平和条約」がむすばれた。日本は「独立」を回復し、国際社会への復帰をみとめられた。

米軍を主体とする連合国軍による占領は終わった。だが、真の独立と9条の権威がもどることはなかった。なぜなら、平和条約と同日締結された「日米安全保障条約」（一九五一年九月八日署名、五二年四月二八日発効）により、軍備増強の義務が課せられたからだ。平和条約と安保条約はセットになっていた。アメリカ合衆国との安保条約の前文には、「（日本は）直接及び間接の侵略に対する自国の防衛のため漸増的に自ら責任を負う」と、再軍備の誓約が明記された。その条件を付されての「独立」だったのである。そうすると、もう「警察力の予備」ではいられない。

五二年一〇月、警察予備隊は「保安隊」に改編された。これにより陸上部門が七・五万から一一万人に増員された。そればかりでなく「海上警備隊」（六千人）も発足した。任務は、「海上における人命もしくは財産の保護、または治安の維持のため緊急の必要がある場合において海上で必要な行動をすること」（保安庁法）である。海上保安庁から一部がはなれ「保安庁」のもとで警察予備隊と合体した。

ここでも装備のすべてを米軍供与にたよった。「日米船舶貸借協定」により、米海軍のタコマ級駆逐艦一八隻、上陸支援艇五〇隻などが貸与された。貸与艦の艦尾に、旧日本海軍とおなじ「軍艦旗」がひるがえった。政治情勢の変化から、警察予備隊の場合とちがって旧海軍との断絶はさほど問題とされず、旧海軍士官の採用とともに「海軍の伝統」も持ちこまれた。ただ任務面――おもに機雷掃海と沿岸警備――で、陸とおなじく米極東海軍の実質的指揮下におかれたことは変わりなかった。やがてソ連海軍を意識した対潜作戦任務もあたえられ、海の再軍備はより急速にすすんだ。

一方、「保安隊」になって、陸の装備にも変化がみられた。もうカービン銃と迫撃砲だけの「軍隊もどき」ではない。8インチ榴弾砲や75ミリ高射砲、M24軽戦車、M4A3中戦車などが供与されるようになった。いずれも硫黄島や沖縄での戦闘につかわれた米軍の中古品だが、ここにくると「警察力の域」にとどまるものでないのは明白だった。また人事面でも、公職から追放されていた旧軍人が高級幹部にむかえられ、旧軍の伝統と人脈も復活することとなった。「武器の道」と「旧軍人の復帰」。ここにはじまる二つの結合は、安保・米軍依存体質とともに、自衛隊の内部体質を決定づける。たとえば、「わが国が侵略国家というのは濡れ衣だ」と懸賞論文に書いた田母神俊雄元空幕長が防衛大学校学生であった時代（一九七一年卒業、一五期）、「航空防衛学教室」の教官一一人中八人までが、旧陸軍士官学校もしくは海軍兵学校の出身者だった。

憲法との関係について、当時の政府は、「保安隊には近代戦争遂行能力がない」ので軍隊でなく、しいていえば「戦力なき軍隊」であるとして、９条２項で保持することを禁じられた「陸海空軍その他の戦力」にはあたらないと強弁していた。頭かくして尻かくさずの一例は、米軍から供与された戦車を「特車」と称した滑稽さにも出ているが、９条との亀裂はいっそう拡大した。

この「保安隊」時代も二年間しかつづかない。アメリカは、安保条約前文で約束された、「自衛力漸増」のすみやかな実現を要求した。アメリカから兵器装備の供与を受ける国は「米相互安全保障法」によって「自国の防衛力の発展・維持」が義務づけられている、というのがその根拠である。日本政府は「日米相互防衛援助協定」（ＭＳＡ協定）による兵器供与と引きかえにアメリカの要求を受けいれた。

こうして一九五四年、「保安隊」は「自衛隊」となる。任務があらためられ、「自衛隊は、我が国の平和と独立を守り、国の安全を保つため、直接侵略及び間接侵略に対し我が国を防衛することを主たる任務とし」とされた。「国土防衛任務」の登場である。さらに「航空自衛隊」が創設された。主力装備は、朝鮮戦争に参加した米空軍のF‐86F戦闘機である。これで「陸海空三自衛隊体制」が確立する。陸自定員は一八万人と設定された。もはや「近代戦争遂行能力がない」などとはいえない。そこで政府は9条2項の「陸海空軍その他の戦力は、これを保持しない」を、「自衛のための必要最小限度の実力を持つことは憲法に違反するものではない」と憲法9条解釈の幅をひろげた。

以上が、警察予備隊創設後、わずか四年のうちにつづいた「日本再軍備」の駆けあしのスケッチである。そのプロセスのいたるところに、自衛隊が、占領政策変更のなかから生まれ、冷戦によって成長をうながされた「アメリカによる、米戦略遂行のための」軍隊である軌跡がくっきりときざまれている。いまもある自衛隊法第3条の任務――「直接及び間接の侵略に対し我が国を防衛する」が、旧安保条約前文の「直接及び間接の侵略に対する自国の防衛のため漸増的に自ら責任を負うことを期待する」をなぞった文言であることにも「再軍備の力学」は反映されている。

敗戦から一〇年目に復活した新軍隊・自衛隊。それは「9条のもとの安全保障」をめざした日本にとって、まさしく最初の「失われた一〇年」を象徴するものであった。

60年安保改定――日米軍事同盟の土台

「警察予備隊」から「自衛隊」へと脱皮していくまでのあいだに、日米関係ではべつの枠ぐみも進展していた。それは国内タカ派による「安保条約対等要求」、すなわち、五二年発効の「日米安保条約」を改定すべしという要求である。9条改正をもとめる「自主憲法制定派」からの巻きかえしであった。

一九五二年の「平和（講和）条約」は、たしかに占領の終了を意味した。だが、それが真の独立につながらなかったことは、「平和条約」とセットで「日米安保条約」が締結されたことによくあらわれている。「占領軍」は「米駐留軍」と名称をかえただけで全土に居すわり、基地権益を維持しつづけた。駐留米軍人は、安保条約の付属協定「日米行政協定」（現在の地位協定）により、特権を温存された。つまり「占領」は終わったが、「占領状態」にかわりなかった。安保条約のもとでも、横須賀基地は接収されたままだったし、横田、立川の米軍基地はさらに拡張された。平和条約で「日本の施政外地域」に切りはなされた沖縄にいたっては、軍人高等弁務官による統治がなおつづいた。

安保条約の交渉開始にさいし、米側代表ジョン・フォスター・ダレス特使は、スタッフにたいしてアメリカの意図を、「我々は日本に、我々が望むだけの軍隊を、望む場所に、望むだけの期間、駐留させる権利を獲得できるであろうか？　これが根本的な問題である」と説明しているが、ここにみられるとおり五二年安保は、占領期とかわらぬ米軍の基地自由使用をみとめる「駐兵条約」であった。アジア戦略に向けた基地の確保、アメリカの目的は当初からそこにこそあり、その思惑どおり獲得した。

その受け皿となったのが、自由党～自民党がすすめる安全保障政策、すなわち対日平和条約と日米安保条約のもとで、西側陣営の一角を占め、米軍への占領期とかわらぬ基地提供をつづけながら自衛隊増強へとすすむ、という路線である。

自衛隊は、このように当初から在日米軍を前提とし、それと一体のもの、つまり米軍の補完戦力として位置づけられていたのである。とはいえそのことが、おなじ自民党でも復古主義的な「自主防衛力育成派」にとっては不満だった。

警察予備隊から自衛隊、安保条約下の再軍備へと進展する状況進展に、9条護憲に立つ側はもとよりだが、日本の保守勢力側にも対米不信がわだかまった。再軍備推進勢力のなかから、条約の不平等性、たとえば、条文にアメリカの日本防衛義務が規定されていないこと、また内政干渉を招きかねない条項、日本国内の内乱・騒擾に米軍が出動できるとした第一条、これらを指摘して安保条約改定を要求する声があがるようになる。日本が戦後復興期を脱し、『経済白書』に「もはや戦後ではない」と書かれるようになった（一九五六年）時期を迎えると、保守陣営からの「安保改定要求」は、いっそう高まってくる。

一九五七年、岸信介内閣が成立し、「安保改定」を現実の政治日程にのぼらせた。岸によれば、日米安保体制の堅持は大前提であっても、「日米関係を対等なものとする」ためには条約の改定が必要ということになる。背景に、9条のもとで自衛隊創設まで既成事実を積みあげてきた保守側の自信があったことはいうまでもない。自民党は、すでに保守三党が合同した結成大会（五五年）において党是のひとつに「自主憲法制定」をかかげていた。国会で岸首相の口から、「在日米軍基地への攻撃は日本への侵略」、「ミサイル攻撃に対して敵基地を攻撃することもありうる」、「防御用小型核兵器は合憲」など、従来にない答弁がなされるようになった。
「安保改定」に、はじめ消極的だった米側もやがて「安保委員会」設置に同意し、五八年、藤山外相、マッカーサー米大使（ダグラス・マッカーサーの甥にあたる）を責任者に交渉がはじまる。アメリカとしても、自衛隊をよりふかく米戦略に組みこんだ軍事協力に安保協力を発展させ、「相互支援強化という対等性」の方向に枠組みが拡大されるのなら異存はない。「反共・親米勢力」による安保改定要求は許容の範囲内であった。改定安保条約は、六〇年一月、ワシントンで調印された。

新安保条約は、それまで「米軍駐兵条約」であった枠ぐみを、「共同防衛」に転換させた。すなわち、アメリカは日本防衛の義務を有し、自衛隊と共同して「共通の危険に対処する」（第5条）と明記した。それが岸首相にとっての「日米対等のあかし」だった。「内乱条項」（旧第1条）は削除された。しかし、「米軍基地の許与」（第6条）にもられた「駐兵権」にはまったく手がつけられなかった。そこでは在日米軍基地が日本防衛以外の目的と範囲にも使用できることが確認されていた。

改定安保にたいし、国民のあいだから、米軍と自衛隊の「共同防衛」規定、および「極東の範囲における基地の使用」は、憲法第9条の「武力の行使」や「国の交戦権」禁止を公然とふみにじり、アメリカの戦争に巻きこむものである、とつよい反発の声があがる。第6条でみとめられた在日米軍基地の使用条件は、「極東における国際の平和と安全の維持に寄与するため」という漠然としたものだったからである。

改定交渉が行われているなか、革新政党、労働団体、市民組織などで「安保改定阻止国民会議」が結成された（五九年三月）。おなじ月、東京地裁の伊達秋雄判事が、東京・立川の米軍基地拡張工事を阻止しようとして起訴された「砂川基地闘争」裁判で、「米軍の日本駐留は憲法9条に違反する」として被告に無罪判決したことも反対運動を勇気づけた。それは司法部が米軍基地問題にたいして初めてくだした9条判断、しかも違憲判決であった（同年一二月、最高裁により破棄）。

安保改定案の内容が発表されると、国民運動はさらに高まりをみせる。衆議院で六〇年二月にはじまった批准案件審議でも、政府は終始守勢に立たされた。安保条約特別委員会における論戦は三九日一五三時間をかぞえ、社会党を中心とする野党は、「改定安保は、憲法9条に違反し、日本をアメリカの戦争に巻きこむもの」と追及した。窮地に立った岸首相は、「自衛隊は日本の領域外で米軍と共同行動しない」（第5条の解釈について）、「米軍基地の使用は極東の範囲に限定する」、「在日基地からの米軍出動を事前協議で規制する」「核の持ち込みはいかなる場合にも拒否する」（第6条の解釈）などと答弁せざるをえなかった。極東の範囲は、フィリピン以北、台湾、韓国に限定され、中国、ソ連、北朝鮮はふくまないとされた。

五月、自民党の審議打ち切りと採決強行により、改定安保条約は、国会議事録に「以下、聴取不能」と記される混乱のうちに衆議院を通過した（とされた）。参議院での審議はまったく行われなかったが、安保条約と関連諸協定の承認案件は、憲法の規定により翌月自然成立、発効した。関連諸協定のなかでも、「日米地位協定」、それは米軍基地特権をそっくり保障した旧安保時代の「日米行政協定」を引きつぐ内容だったが、条文各項目についての具体的質疑をいっさい欠いたまま、強行採決により「安保附属協定」として一括処理された。この逐条審議の欠落があとあとに大きな影響と禍根をのこし、そこから「思いやり予算」や「グアム協定」という怪物がつくられることになる。

こうして「日米安保新時代」が開始される。改定派は「日米対等」の名分はえたものの、しかし岸内閣が退陣に追いこまれた結果、「安保改定・9条改正・自衛軍創設」へと一気にすすむシナリオをくずされた。一方、護憲側は国民運動の高揚を背にしながら「安保阻止」はならず挫折感に落ちこんだ。とはいえ、「極東の範囲」や「事前協議」などの政府答弁で、米軍行動に一定の歯どめ解釈を引きだし、また、自衛隊と米軍の共同作戦についても「領域外での日米共同行動はできない」ことを確認させたのは、アメリカにとって想定外のできごとであっただろう。

これら政府の条約解釈＝調印者による確定解釈（公権解釈）がくつがえされるのは、冒頭でみた、九五年「ナイ・リポート」以後の「安保再定義」の過程においてである。だから「ナイ・イニシアチブ」は、安保国会で後退させられた米側解釈の「失地回復のこころみ」であったともいえる。「新ガイドライン」から「米軍再編」にいたる過程で、六〇年安保国会でなされた条約調印者の「公権解釈」は、「政府間合意」や「共同宣言」によってことごとくほごにされてしまう。その点からみても、九〇年代以降の安保状況は「国会批准なき条約改定」というほかない。

倍々ゲームの軍備増強

もうすこし、時代にそってみていこう。

「安保闘争の季節」が終わると、世は「高度経済成長時代」にかわった。岸内閣退陣をうけ登場した池田勇人《はやと》首相の打ちだした「一〇年間で月給二倍」や「石炭から石油へのエネルギー転換」のスローガンが日本の社会と産業構造を一変させる。自民党は「憲法改正」と「自衛軍創設」を政治論戦の正面から取りさげた。日米関係も、安保の文脈より繊維や鉄鋼などの対米輸出にかかわる「経済摩擦問題」として議論されることが多くなった。「ゲームのルール」が変わったのである。

といいながら、争点かくしのもとで、対米公約である防衛予算と安保経費は——ちょうどいまの中国軍事費とおなじように——毎年二〇パーセントちかくも伸びていき、五年ごとの「防衛力整備計画」（第一次〜第四次防）が経過すると二倍になる、「倍々ゲーム」で膨張した。ＧＤＰと国家予算も同様に右肩上がりで上昇したので目立たなかったが、アジア諸国からは「日本軍事大国化」の懸念の声が聞かれるようになった。おなじ時期、「財閥解体」により消えていた軍需産業の復活もなされ、旧社名に復した三菱重工、川崎重工など財閥系企業が、大型護衛艦を建造し、アメリカ製戦闘機やミサイルをライセンス国産する「安保・防衛利権」の引き受け手となった。東京にはライシャワー大使が着任し、安保交渉の米側主役だったマッカーサー大使と交代、ぎくしゃくした日米関係を修復すべくソフトな「学者外交」を開始していた。政治から経済へ、時代はうつっていく。その「隠れ安保」の状況下、「ベトナム戦争支援」や「原子力艦艇寄港」など、安保の枠ぐみ拡大が水面下で一連の「秘密合意」——「沖縄密約」などによって進行するのである。

このような「隠れ安保」の時期、「反安保闘争」に結集した護憲勢力から、時代状況に対応する「あらたな結集」の呼びかけがなかったわけではない。だが、それは実ることなくうずもれた。

改憲路線をいったん戦術転換した池田内閣の「低姿勢」と「所得倍増」に対応して、当時の最大野党・社会党内で、反安保へ向けたあらたな座標軸設定のこころみ——「憲法実現」に立脚した対抗構想を提示しようとする議論がなされた。「江田ビジョン」、「石橋構想」として知られている。

「江田ビジョン」とは、一九六二年、社会党書記長・江田三郎が発表した「構造改革論」にもとづく日本のめざすべき未来像の提示である。そこでは「改憲と安保」を正面からはずした池田路線にたいし、革新側のよって立つべき基盤と方向が示されていた。

①アメリカの平均した生活水準の高さ
②ソ連の徹底した社会保障
③イギリスの議会制民主主義
④日本国憲法の平和主義

江田ビジョンは、アメリカやイギリスなど発達した資本主義国家にも学びつつ、日本を「構造改革」することによって社会変革が可能であるとみなし、その柱のひとつが「日本国憲法の平和主義」にあるとして、憲法政策の具現化を主張した。画期的な提案であったのだが、しかし社会党の左派勢力は、これを「改良主義」、「日和見主義」だと批判し葬り去る。その結果は、歴史の経過に明らかなとおり、「憲法改正」を表看板からはずし、一方で、「なし崩し」と「既成事実」の手法で実質的に憲法を空洞化していった池田内閣以降の「解釈改憲路線」に太刀うちできなかった。

現在にいたる「9条護持」対「9条空洞化」のすれちがいは、ここにはじまったといっていい。もし、この時期に「江田ビジョン」を採りいれた対抗構想が護憲側の旗じるしになっていたとしたら、九〇年代初頭の村山内閣も、あのような結末をみることはなかったかもしれない。

いまひとつ、すこし遅れて一九六六年、「江田ビジョンの各論版」ともいえる、自衛隊の分割・縮小・再編をもりこんだ「石橋構想」が提案されている。当時社会党の外交防衛政策委員長だった石橋政嗣が発表した、自衛隊を「国民警察隊」に改組・縮小していく政策提起である。そこでは「安保即時廃棄」や「自衛隊即時解体」でなく、革新政権のもとで時間をかけて日米安保体制を別の枠ぐみに移行させていく筋みちがしめされた。まず以下の四条件が前提となる。

①政権の安定度
②政権の自衛隊の掌握度

③平和中立外交の進展度（国際情勢の変化）

④国民世論の支持

以上四条件を勘案しながら、そのもとで自衛隊の漸減に着手し実行する。自衛隊が必要でなくなる時期がくるまでは、「国民警察隊」ないし「国土警備隊」として国土防衛機能に限定し維持していくというものである。「石橋構想」は、その最終段階として、

⑤国連が公正な国際紛争処理機関として権威を確立したあかつきには、国連警察軍に組みいれる。

という「国連の下の安全保障」を提案していた。ここで日米安保は不用となる。「石橋構想」は、以上の五条件を見まもりながら自衛隊の縮減をはかり、それらの過程を積みかさねることによって、最終的に9条実現をめざすというものである。「江田ビジョン」とおなじく、争点をかくした自民党路線への対抗構想であった。しかし、この提案も黙殺された。対抗構想の不発、対米従属路線にたいする護憲側の政策欠如。六〇年以降の日米軍事協力の実体は、こうした自民党の「改憲はずし」と護憲側の「現実回避」の背後で形成されていくのである。

「石橋構想」は、こんにち民主党の小沢一郎が代表時代に主張した、「国連の集団安全保障にもとづく武力行使に日本が参加することは、憲法9条と矛盾するものではない」、という立場と一面でひびき合う内容をもつ。小沢は、日本の安全保障政策についてつぎのようにのべた（米誌『タイム』インタビュー、〇九・三・二三号）。

「米国が単独で武力行使する際に日本は参加できないが、国連の枠組みで国際紛争の解決が図られるときには、国際社会と協調してできる限りの支援をする」。

ここには、対米追従から離脱しようとする意図と読みとれるものがある。小沢は、べつの場で「米国の極東におけるプレゼンスは第7艦隊だけで十分だ」とものべ、麻生首相から「第7艦隊だけあればいいという人とは全く意見がちがう」という反論を買った。この点だけでも、麻生が「伝統的対米従属論」に立っているとわかる。政策論としては小沢のほうが9条にちかい。小沢の顔を表紙にかかげた『タイム』は、その見出しに'The maverick'（異端者、反体制者）とつけたが、そこには米側の警戒心も反映されているのかもしれない。ジョセフ・ナイが、民主党の「安全保障マニフェスト」にもられた「対等な日米同盟」をめざす四つの見なおし――「日米地位協定」「米軍再編」「アフガン政策」「インド洋での給油活動」——を、「反米とみなす」と断じたのとおなじ感情である。

もとより現在の情勢に、四〇年以上まえの「ビジョン」を、そのまま適応させようとしても意味はない。「江田ビジョン」の未来像のひとつであったアメリカの貧困と格差社会は目に余るし、ソ連という国家じたいもはや存在していない。「江田ビジョン」や「石橋構想」を「小沢構想」と同一に論じるにはむりがある。「小沢以後」の民主党指導者がどのような方向をしめすかも、まったく不確定だ。

であっても、「憲法具現化」に向けた対抗構想として提起された意味で、六〇年代の「ビジョンと構想」は、なお学ぶべき側面を失っていない。憲法をめぐる状況が新たな展開をむかえたとき、護憲側がそれに対抗する発想力をもちうるかを問うひとつのモデルとなる。

「北の脅威」の神話

かくして、安保改定直後にこころみられた対抗構想提示は挫折した。時間を戻してその後の安保協力の拡大過程をみていこう。

改定された日米安保協力が想定した「共通の目標」とは、いうまでもなく極東ソ連の軍事力である。

一九六〇年代は、米・ソによる核軍拡競争が最高潮にたっした時期にあたる。メガトン級の水爆が爆撃機、弾道ミサイルに搭載され、さらに戦略潜水艦に格納されて全海洋を作戦海域に組みこんでいった。やがてそれは、太平洋、日本周辺をもおおうようになる。安保のあらたな枠ぐみのもと、日本は、五〇年代の朝鮮戦争、六〇年代のベトナム戦争という、アメリカの「アジア地域戦争協力」につづき、「ソ連の脅威」と対面させられた。六四年以降、原子力潜水艦や原子力空母があいついで佐世保や横須賀に寄港しはじめる。

冷戦期のアメリカにとって、日本の価値とは、「ソ連海軍の外洋進出を阻止する防波堤」、「不沈空母としての日本列島」、それらを支える「精強な自衛隊の存在」とみなされていた。改定安保から汲みだすアメリカの利益とは、日本の位置と経済力、そして全土に配置された米軍基地のネットワーク、および自衛隊が米軍の補助兵力となること以外になかった。その点にこそ、「安保改定による対等性」をみとめた米側の理由があった。じじつ、安保条約改定案を審議した米上院議事録には、ソ連沿海州が「安保の適用範囲」であると明記されている。岸首相（当時）が国内と対米という「二枚舌」を使ったことは明白である。

しかし、日本の世論対策は、そう簡単でなかった。安保国会における審議で、野党の執拗な追及に押されたすえに、政府は、条文解釈を「9条の枠内」にとどめる厳格な答弁をかさねていたからである。岸首相がしめした確定解釈によって、「極東の範囲」にソ連をふくめないこと（第6条について）、「日本領域外」における自衛隊との共同行動はあり得ないこと（第5条について）、「日本からの戦闘作戦行動」には事前協議を要すること（附属文書について）、などが確認させられていた。これらの答弁をつうじて政府は、安保改定によって「アメリカの戦争」に巻きこまれることはない、と何度も確約せねばならなかった。

すると、アメリカとの暗黙の約束、「対ソ共同作戦も安保の適用範囲」を満たすには「神話」が必要となる。ソ連の脅威を国民に信じこませる方策、すなわち、ソ連の攻撃目標はアメリカとともに日本にも向けられているのだ、と説得する世論づくりである。そこで、中ソ国境から沿海州にかけ配備された陸軍兵力は、「北海道への脅威」であるように国民に信じさせ、また、ウラジオストクのソ連艦隊を、「日本のシーレーン破壊の元凶」として描くキャンペーンがみちあふれることとなった。アメリカが中国との国交正常化にこぎつけ（七二年）、ベトナム戦争の泥沼から抜けだし（七三年）、さらにソ連の「アフガニスタン侵攻」（七九年）という事態が起きると、「ソ連の脅威」は、「北海道が危ない」「シーレーン防衛」キャンペーンとともに燃えあがり、日米軍事協力の強力な推進薬となる。

古いことわざに「一犬虚に吠ゆれば、万犬実を伝う」という。「ソ連の脅威」は、狙いたがわず、「いま、そこにある危機」として増幅・喧伝され、自衛隊が米軍とともに対ソ共同作戦に乗りだしていく接着剤となった。八〇年代になると、海・空部隊につづいて陸上自衛隊も、北海道を舞台に米陸軍・海兵隊との合同戦技訓練「ヤマサクラ演習」をはじめた。これで三自衛隊と米軍の「統合運用態勢」の枠ぐみができたことになる。

ガイドライン――安保に魂が入った！

それにしても、ふしぎなことだが、改定安保は第5条で「日本本土の共同防衛」をうたいながら、では、それがどのような協力内容なのかという基本計画＝作戦プランをもっていなかった。七四年に防衛庁長官に就任した坂田道太は、「防衛庁長官になって、日米間に有事の際の何の取り決めもないことを知った」と語っている。このことからも、両政府に安保条約という「ドクトリン」は存在していても、それを動かす「作戦マニュアル」ないし「対応のＯＳソフト」を、日米の軍事組織が共有していなかったことがわかる。米政府には、日本が攻撃される事態のシナリオなど想定されていなかったのである。

むろん、制服同士の作戦協議や秘密演習シナリオがあったことは想像にかたくない（じっさい六〇年代に朝鮮の休戦状態がやぶれたさいを想定した「三矢研究」や「フライング・ドラゴン作戦」などが暴露されている）。また「安保密約」も存在していたので作戦協力の基盤はあった。だが、それらはいずれも岸首相が答弁した「共同防衛」の範囲をふみこえる行動であり、日本政府は、みとめれば「安保適用範囲のずれ」、「自衛隊の米軍作戦協力」があきらかになって、「国内向け説明」が崩壊するのを知っていたから公表されることはなかった。

安保運用における「アメリカの認識」と「日本の国内向け説明」は、それほどかけ離れていたのであり、また、べつの面からいうと、米軍側にしてみればアジア極東戦略をはなれた「日本国土防衛」のための作戦計画など現実に必要ない、と判断していたともいえる。

それが変化して、「日米防衛協力のための指針」（ガイドライン）作成へとすすむのは、安保改定後一八年もたった一九七八年のことである。米中正常化、ベトナム撤退というアメリカの事情、また、日本側にも「沖縄施政権返還」(七二年)、「日中国交正常化」(同年)などの環境変化があり、それらアジアにおけるあらたな国際情勢が、この時期、日米安保協力に遅ればせながら「ガイドライン」という実体をあたえることになった。当時の首相・福田赳夫《たけお》は岸信介の後継者で、自民党右派勢力を代表するタカ派として知られていた。

「七八年ガイドライン」は、安保条約第5条(共同防衛)をふまえ、日本有事のさいにおける「共同対処行動」をさだめた。つぎの三項目である。

❶ 侵略を未然に防止するための態勢

❷ 日本に対する武力攻撃に際しての対処行動

❸ 日本以外の極東における事態で日本の安全に重要な影響を与える場合の日米間の協力

このうちの❸が「極東有事」といわれる事態における協力である。❶と❷は「5条事態」もしくは「日本有事」といわれるケースにあたり、一応、岸答弁の枠内におさまる。だが、シナリオ❸はちがう。ここで「日本以外の極東における事態」が、はじめて安保協力の対象となった。安保条約本文に照らすと「6条事態」、すなわち「極東における国際の平和と安全の維持」に照応し、かぎりなく接近する。岸首相が国会で「それはない」といいきった「自衛隊と米軍の共同領域外活動」や「米軍の日本からの戦闘作戦行動」をともなう協力である。のちに現実化する「周辺事態法」（九九年）や「武力攻撃事態法」（〇四年）へと成長していく日米共同作戦の萌芽といえる。ここにこそガイドラインを実体化させておく意味があった。

ガイドラインを得て、さっそく日米両制服間で、「シーレーン防衛」「洋上防空」などシナリオ❸に関連するケースについての共同研究がはじまった。「日本防衛」をかかげつつ、安保協力は海のかなたをめざす。こうして「安保に魂が入った」のである。おなじ時期（七八年度）から、在日米軍に向けた財政支援「思いやり予算」も開始される（初年度六二億円）ので、アメリカは、同時に「大きな財布」も手に入れたことになる。

海・空・陸日米合同演習の全面展開へ

「七八年ガイドライン」における日本の役割とは、どのようなものか。それを具体的にしめしたのが中曽根康弘首相の訪米発言（八三年一月、ワシントン・ポスト紙とのインタビュー）である。『日本経済新聞』（一月一九日付）から引用する。

「私はかつて防衛庁長官の任についたことがあり、日本の防衛については自分なりの考えを持っている。私の防衛に関する見解は、日本列島は（ソ連の）バックファイアー爆撃機の侵入に対する強力な防波堤となる不沈空母のような存在であるべきというものだ。バックファイアーの侵入防止をわれわれの第一目標におくべきだ。

第二の目標は、ソ連の潜水艦および他の海軍艦艇の通航を許さないよう、日本列島を取り巻く四つの海峡の完全な支配権を持つことだ。

第三の目標は、シーレーンの確保である。大洋についていえば、われわれの防衛は数百カイリ拡大されるべきだ。もしわれわれがシーレーンを確立しようとするならば、グアムと東京、台湾海峡と大阪を結ぶシーレーンの防衛を望むことになろう」。

ここに、60年安保がそもそも隠していた本質、そして「ガイドライン」によってもたらされた飛躍、さらに「北の脅威」と「安保協力」の結合が、あますところなく言いあらわされている。

ワシントンで中曽根の会談相手は、ソ連を「悪の帝国」と呼んではばからないロナルド・レーガン大統領であった。だから「海峡封鎖」「不沈空母」など威勢のいい発言は、レーガンをすっかりよろこばせた。以後、ふたりは「ロン・ヤス同盟」といわれる関係をつくる。

談話中、あけすけに語られているとおり、ソ連軍事力の存在を「日本への脅威」（5条事態）の次元で受けとめ、日本はアメリカのアジア戦略に奉仕すること（6条による基地提供）にとどまらず、自衛隊も役割分担を受けもつ（6条事態への協力）、これが「中曽根安保政策」の本音であった。

ここまで打ち上げたからにはリップサービスではすまない。「バックファイアーの侵入防止」のため、米空軍のF‐15攻撃機七二機を青森県・三沢基地に受けいれ、滑走路かさ上げから家族住宅建設にいたる施設整備費は、すべて「思いやり予算」で負担した。また、ソ連海軍の目的は「日本の海上輸送路破壊」にあると認定したので、「シーレーン防衛」のために「イージス護衛艦」を建造することも約束された。航空自衛隊のスクランブル（領空侵犯対処）、海上自衛隊の海峡警備（宗谷・津軽・対馬）がつよめられ、「環太平洋合同演習」（リムパック）という名の多国間海軍演習に、アメリカにつぐ護衛艦・潜水艦・Ｐ－３Ｃ対潜哨戒機を派遣、米第7艦隊と「輪型陣」を組むのが恒例となった。Ｐ－３Ｃの配備機数も、いつのまにか当初計画の四五機から一〇〇機にふえていった。

まさしく、シーレーン防衛は、ガイドライン以後の日米安保協力にとっての「ひらけゴマ」であり、防衛産業には「打ち出の小槌」であった。「ソ連の脅威」にみちびかれるまま、自衛隊の任務と装備、そして「共同対処行動」の場は、日本の外へとひろがるのである。

だから、一九八九年の「ベルリンの壁崩壊」によって、突如「冷戦終結」がつげられ、つづく「ソ連解体」（九一年）に直面したとき、なにより米当事者が、「金のたまご」を手放すまいと「安保再定義」に着手したのは、ごく自然の反応であったといえよう。時をあわせて日本に誕生した非自民・細川政権の「軍縮方向の模索」が、米側に「同盟漂流」の疑念を呼びさました。「同盟を漂流させてはならない」とする危機感が「ナイ・リポート」に結実して「安保再定義」へのながれをつくるのである。

こうして日米安保、対米従属の過程は、「52年安保」「60年安保」から、「冷戦後安保」もしくは「新ガイドライン安保」へと深化の度をすすめることになる。

III

「ナイ・リポート」後の安保体制の変質

一九九六年四月一七日、来日したビル・クリントン米大統領と橋本龍太郎首相は、「日米安全保障共同宣言」を発表した。前年の「ナイ・リポート」に沿って、日本・極東に限定されていた日米安保をアジア・太平洋全域に拡大、日米同盟の骨格を組み直すものだった。「安保再定義」と呼ばれた。写真は迎賓館テラスの両首脳（毎日新聞社提供）

「安保再定義」後の矢継ぎ早の動き

以上、警察予備隊から保安隊～自衛隊、また、旧安保～改定安保～ガイドラインへとつらなる「対米従属の形成過程」を歴史軸によってたどってきたところで、ふたたび冷戦終結後の「情勢軸」へと目を移そう。すなわち、初めにふれた「ナイ・リポート」以後の安保体制の変質についてである。

大づかみに把握すると、九〇年代に生じた安全保障政策の変容は、

1 東西冷戦終結にともなう日米両軍の「役割・任務・能力」の変化――「安保再定義」～「新ガイドライン策定」～「共通の戦略目標設定」による脅威の変更と協力内容の転換。

2 新ガイドラインを受けた国内法の整備――「周辺事態法」～「武力攻撃事態法」～「国民保護法」にいたる有事立法整備。

3 それらの自衛隊運用への適用――「自衛隊海外派兵」～「日米統合運用態勢確立」

となるが、こうした冷戦後の動きを、日米政府合意、それにもとづく国内体制整備の面で分類してみると、以下のようになる。

《構造変化》安保再定義――「日米安全保障共同宣言」(九六年)、「新ガイドライン決定」(九七年)、「在日米軍基地再編交渉と合意」(〇三〜〇五年)

《法への反映》国内法――「周辺事態法」(九九年)、「武力攻撃事態法」(〇三年)、「国民保護法」、「米軍支援円滑化法」(〇四年)、「米軍基地再編促進法」(〇七年)など。

《自衛隊の活動》海外派兵法――「海自インド洋派遣」(〇一年)、「陸・空自イラク派遣」(〇三年)、「インド洋再派遣」(〇八年)、「ソマリア沖派遣」(〇九年)

《安保協力》日米統合運用態勢――「自衛隊法改正」(三自衛隊を一元指揮する「統合幕僚監部」新設、〇六年、防衛省創設、〇七年)、「ミサイル防衛の共同対処」(〇七年)

こう列挙してみると、わずか一〇年足らずのあいだに、いかに矢つぎばやに手が打たれてきたかを実感できる。「安保再定義」とは、ひとことでいえば、「冷戦期に反共・対ソ連の軍事協力として機能した日米安保体制を、アメリカのポスト冷戦型世界戦略にそって位置づけるための方針転換」であった。全世界に配備された米軍事力および基地ネットワークを「テロなど多様な脅威」に向けて変換＝トランスフォーメーションさせるペンタゴン戦略の、日米安保への適用といえる。

橋本・クリントン共同声明

九六年、ビル・クリントン大統領が訪日し、橋本龍太郎首相とのあいだで「日米安全保障共同宣言――二一世紀に向けての同盟」が表明された。そこにうたわれた日米安保協力のあらたな運用原則は、以下のようになっている。前年に書かれた「ナイ・リポート」とかさねると、ほぼ同一の骨格の上に成りたったことがわかる。

●米国は引きつづき軍事的プレゼンスを維持する。日本におけるほぼ現在の水準を含め、この地域に、約一〇万人の前方展開軍事要員からなる現在の兵力構成を維持する。

●日本はアメリカのゆるぎない決意を歓迎する。日本は安保条約にもとづく基地の提供ならびに財政的支援を提供することを再確認する。
●緊密な防衛協力が日米同盟関係の中心的要素である。その関係を増進させるため、一九七八年の「ガイドライン」（日米防衛協力のための指針）の見直しを開始する。
●両国政府は、アジア太平洋地域の安全保障情勢をより平和的で安定的なものとするため、共同でも個別でも努力する。この地域におけるアメリカの関与がその基盤である。
●両国政府は、日米安保条約が日米同盟の中核であり、同時に、地球的規模の問題についての日米間の相互信頼関係の土台になっていることを認識する。

この「日米共同宣言」を、それまでの安保文書と比較して注目すべきは、ここには日米安保協力の基礎をなすとされてきた「条約区域」（5条「日本国の施政の下にある領域」）としての「日本」、また米軍の「駐留目的区域」としての「極東」（6条）という用語がまったく出てこないことである。つまり両者の境目が消え、合体して一つの「共通目標」になった。

宣言中に「三つの協力分野」――①日米二国間協力、②アジア太平洋における地域協力、③地球規模での協力――が設定されているが、それら対象範囲はすべて従来の安保関係文書に記載されたことのなかった場所、すなわち「アジア太平洋地域」である。日本本土でも、「極東の範囲」ですらない。ここにおいて日米安保協力は、日本と極東をはなれた、より広大な「共通戦略目標」の共有――「役割と任務と能力と責任分担関係」へと移行した。それは、従来の「ヤリとタテ」で語られてきた関係、すなわち「攻撃と防御」における分担ないしバーター型から、日本が「基地提供も米軍支援も」受けもつ対称型に移行したことを意味する。それこそ「ナイ・リポート」のめざしたところであり、また政治宣言と政府間合意にもとづく「安保条約の実質的改定」を日本側が受けいれたことの結果であった。それらは「バードン・シェアリング」（責任分担）や「インターオペラビリティー」（相互運用性）と名づけられ、日米両軍をつなぐ共通のきずなとなる。

新ガイドライン＝「周辺事態法」の制定

橋本・クリントン共同宣言の一節に、「一九七八年のガイドラインの見直しを開始する」とあった。そこでただちに「日米安全保障協議委員会」の場で検討作業がはじまり、九七年九月、「新ガイドライン」の最終報告が両国政府に報告され、了承をえた。

この文書に「日本周辺における事態＝周辺事態にたいする共同対処」という軍事協力のかたちが書きこまれた。ここにとつぜん安保協力の新領域として「周辺事態」——「日本本土」や「極東」にかわる日米共同行動の、拡大された地理的枠ぐみがしめされたのである。それは「78年ガイドライン」のⅢにしるされた「日本以外の極東における事態で日本の安全に重要な影響を与える場合の日米間の協力」のより進化したかたちであり、同時に、自衛隊を海外派兵にみちびく第一歩ともなる。その意味で、「新ガイドライン」は、二一世紀にはいって9・11以降の「三つの特措法」（テロ特措法、イラク特措法、補給支援特措法）により切れ目なく実施される、自衛隊の海外派遣路線を先取りし方向づける文書ともなった。

では、「新ガイドライン」にあらわれた「周辺事態」は、どのように説明されているのか。

「周辺事態は、日本の平和と安全に重要な影響を与える事態である。周辺事態の概念は地理的なものではなく、事態の性質に着目したものである。日米両政府は、個々の事態の状況について共通の認識に到達した場合に、各々の行う活動を効果的に調整する。なお、周辺事態に対応する際にとられる措置は、情勢に応じて異なり得るものである」

本文でこのように規定されている。あきらかなとおり、地理的区分をもたない不定・流動・恣意にわたる「周辺」が設定され、そこで発生する実態のあいまいな「事態」に、「情勢に応じた効果的な活動の分担」が約束される。「事態・対応・活動」、それぞれに連動する、境界をさだめがたい米軍作戦への自衛隊の広範な協力のありよう、漠然と「後方地域支援」と名づけられたそれら活動に「周辺事態」の特徴がある。

国会の質疑においても、政府側は、

「ある事態が周辺事態法に該当するか否かは、あくまでその事態の規模、態様等を総合的に勘案して判断する。したがって、その生起する地域をあらかじめ地理的に特定することはできない。このあらかじめ地理的に特定することができないという意味で、周辺事態は地理的概念ではない」

と、あいまいで融通無碍《むげ》の解釈をくずそうとしなかった。「日本本土」も「極東の範囲」も乗りこえてしまう、そのような「周辺事態」において、自衛隊は、米軍に対し「物品及び役務の提供」、「後方地域捜索救助活動の実施」などを任務として引きうけたのである。政府間合意のみで自衛隊に新任務を付与することはできないので、橋本内閣は九九年、

「新ガイドラインの実効性を確保するため」の国内法として「周辺事態法」を成立させた。これが新ガイドライン関連法第一号となった。

一挙に深まる自衛隊と米軍の統合

同時に、新ガイドラインには、自衛隊＝米軍間の「包括的メカニズム」や「調整メカニズム」などという日米共同司令部的な機構の新設も盛りこまれた。これにより在日米軍と自衛隊との「統合運用態勢確立」が現実の要請となった。やがて自衛隊の指揮系統に変更がくわえられ、それまで陸・海・空幕僚監部の調整機構だった「統合幕僚会議」（議長は「代表権のない会長」といわれた）は、ＣＥＯ（最高経営責任者）となった統合幕僚長のもとで一元指揮される「統合幕僚監部」に改編された（〇六年）。もともと単一指揮下にある米地域統合軍とのカウンター・パート関係を明確にさせ、一体化させる措置である。

のみならず、このように日米安保協力の枠組みが、地理的にも役割・任務・能力においても新段階にはいってくると、自衛隊だけでなく「後方地域支援」における地方自治体や民間企業の能力活用も不可欠になってくる。そこで「有事協力」が、従来とはことなるよそおいをまとって登場することになる。「新ガイドライン下の有事法制」は、冷戦期に主張された明治憲法型の復古論ではなく、「日米同盟論」や「国際社会における責任」とのつながりにおいて必要性が説かれるところに特徴がある。

さらに北朝鮮の核・ミサイル開発に触発されて「北朝鮮の脅威」があおられ、「ミサイル防衛」に向けた共同開発と迎撃態勢の研究がはじまると、米側は、そのための「秘密保護措置」も要求してくる。78年ガイドライン下の「ソ連の脅威」がそうであったように、「新ガイドライン」においては、「北朝鮮の脅威」が目くらましと集団催眠、もしくは国民教育の道具としてフルに活用された。

有事立法分野では、〇三年に「有事三法」（武力攻撃事態法、自衛隊法改正など）が、〇四年には「有事七法」（国民保護法、米軍支援法など）が制定された。おもな条約・法律をあげると、

■「対米支援法」⇓ＡＣＳＡ（物品役務提供協定）の戦時適応への拡大、米軍行動円滑化法、グアム協定。

■「国民動員法」⇓武力攻撃事態法、国民保護法。その他メディア・教育・司法におよ

ぶ「社会有事法」。

となる。そうした基盤のうえに成立した国内法系列に「9・11事件」以後の

■「海外派兵法」⇒テロ特措法、イラク復興支援特措法、テロ特措新法、海賊対処法。

■「秘密保護」⇒改正自衛隊法に「防衛秘密」を規定（〇一年）、「日米軍事情報包括保護協定（GSOMIA）締結（〇七年。これにより中国潜水艦の動向をもらしたとして制服一佐を懲戒免職とした）。

がつづく。これら一連のながれに、「ナイ・リポート」以後もたびたび発せられるアメリカからの「天の声」が影響していることは疑いようがない。「日米軍事情報包括保護協定」（GSOMIA）締結の背後に、イージス艦情報がファイル交換ソフト「ウィニー」をつうじウェブサイトで流布されたことへの米側の圧力があり、また米軍からの情報漏洩への抗議によって制服一佐の処分が行なわれたことでも、それはあきらかだ。「軍事情報包括保護協定」は民間への情報のながれも対象にしており、まだ国内法制定にいたっていな

いとはいえ、市民処罰も視野に入れている。

「集団的自衛権」を求めたアーミテージ報告

一方、「ナイ・リポート」のあとにも、「日米同盟を、米英同盟に並ぶ軍事同盟に」と要求するいくつもの「報告書」が送りつけられ、それらが「安保再定義」を「米軍再編」に推進していく原動力と監視役になった。代表的なものとして「アーミテージ報告」（二〇〇〇年、〇七年）がある。リチャード・アーミテージはベトナム戦争従軍歴をもつ海軍士官で、のち国防総省コンサルタントに転身、ブッシュ政権では国務副長官をつとめた。退官後も「アーミテージ・アソシエーツ」代表として日米間のロビー活動をしている人物である。二つの「報告書」のいずれにもジョセフ・ナイがメンバーとしてくわわっている。

二〇〇〇年に発表されたアーミテージ報告「米国と日本――成熟したパートナーシップに向けて」は、「集団的自衛権の憲法解釈変更が必要」と明確にいいきっている。

「日本が集団的自衛権を禁じていることが両国の同盟協力を制約している。この禁止を解除すれば、より緊密かつ効果的な安保協力が見込まれる。

われわれは米国と英国の特別な関係を米日同盟のモデルと考えている。これには以下の諸点が必要である。

▼有事立法の制定を含む米日防衛協力のための新指針の勤勉な履行。

▼米日両国の三軍の確固たる協力。施設の共同使用拡大と訓練活動の統合。

▼平和維持および人道支援活動への全面的な参加。

▼多用途性、機動性、多様性、生存能力を特色とする戦力構造の編成。」

ジョセフ・ナイとの連名で〇七年に発表されたアーミテージ報告Ⅱ、「米日同盟――二〇二〇年のアジアを正しく方向づけるために」でも、おなじことばが繰りかえされている。同時は、小泉首相が「憲法には透き間がある」とか「常識的に自衛隊には戦力がある」と発言し、ブッシュ政権の「対テロ戦争」に全面協力して、インド洋とイラクへの自衛隊派遣に踏みこんでいた時期とかさなる。同報告書は「日本への勧告」で以下のようにいう。

(1) 日本はもっとも効果的な意思決定を可能にするために、国家安全保障の体制と官僚組織を継続して強化すべきである。

⑵　現在日本で進行している憲法議論は、地域と世界の安全保障問題に対する日本の関心の高まりを反映していて有望である。米国は、交戦する自由をもった同盟パートナーを歓迎する。

⑶　現在進行している、日本の部隊の海外派遣を容認する法律の整備に関する討議は有望である。より大きな柔軟性をもつ安全保障パートナーをもちたい。

二つの「アーミテージ報告」が、「ナイ・リポート」を補完・強化し、小泉政権以後の防衛政策——有事立法～海外派兵～米軍再編にいかなる影響をあたえたかは、あらためて指摘するまでもない。

米軍再編と日米統合運用態勢の確立

「アーミテージ報告」にあきらかなとおり、「安保再定義」の仕上げが、「在日米軍基地再編」および、それと一体をなす「日米統合運用態勢の確立」であった。これらも安保条約の根幹をくつがえすものであるにもかかわらず、「安保条約再改定」の手続きによることなく、日米の外務・国防閣僚四者による「日米安全保障協議委員会」（2プラス2）での合意、つまり政府間合意にもとづいて実施にうつされたところに特徴がある。以下三つの合意文書である。

◆「日米同盟：未来のための変革と再編」（〇五年）
◆「米軍再編：実施計画」（〇六年）
◆「同盟の変革：日米の安全保障及び防衛協力の進展」（〇七年）

そこに盛られた在日米軍基地の変容と日米軍事力の一体化の主要事項をまとめてみると、つぎのようになる。

●神奈川県・横須賀米海軍基地に原子力空母を配備。海自・自衛艦隊司令部と米第7艦隊の連携強化➡米海軍と海上自衛隊の一体化。
●神奈川県・座間米陸軍基地に陸軍第一軍団司令部が移駐。陸自に新設された「中央即応集団司令部」が座間に移転、相模原に日米「戦闘指揮訓練センター」を開設⬇米陸軍と陸上自衛隊の一体・臨戦化。
●東京都・横田米空軍基地に空自「航空総隊司令部」が移動、日米で「共同統合運用調整所」を運用⬇米空軍と航空自衛隊の一体・連合化。
●沖縄県・名護市辺野古沖海上に、普天間基地に代わる米海兵隊航空基地を新たに建設⬇沖縄にさらに新基地設置。
●山口県・岩国米海兵隊基地を米空母艦載機の飛行訓練基地に。また、主要自衛隊基地の共同使用⬇日米基地のフェンスの取り払い、沖縄の全土化。

これらの措置は、日米が合意した〇六年の「米軍再編・実施計画」に「二〇一四年までに完了する」と明記された。米側試算によれば、日本側の経費負担は三兆円前後と見積もられている。その実施に向け制定された「米軍基地再編促進法」（〇七年）では、再編プロセスは地元自治体の意向にかかわらず行なわれ、協力自治体には「再編交付金」が、従わない自治体には交付金凍結措置がとられる。受け入れを拒否した岩国市や相模原市（座間基地）には、一時、支払い停止措置がとられる強引さであった。〇九年二月に調印された「在沖縄米海兵隊『グアム』移転に関する協定」も再編実施の取り決めで、これにより六一億ドルの日本側拠出が約束された。

日米合同の陸・海・空大演習

他方で、「新ガイドライン」にもとづく自衛隊との一体化・融合化は作戦運用面でもすんだ。その一端をしめすのが〇七年一一月五日から一六日にかけて実施された「日米共同統合実動演習」である。「再編合意後」はじめての実動演習で、自衛隊は「統合幕僚長」が演習統裁官となって指揮を掌握した。海外活動を基本任務とする新設部隊「中央即応集団・特殊作戦群」をふくむ全国の部隊二万二五〇〇人、艦艇九〇隻、航空機四〇〇機が動員され、米軍からは第七艦隊、第五空軍、第三海兵機動展開部隊など八五〇〇人、艦艇九隻、航空機五〇機が参加した。演習の目的は、

「我が国防衛のための日米共同対処及び周辺事態等各種の事態に際しての日米協力に必要な自衛隊相互及び自衛隊・米軍間の連携要領を実動により演練し、共同統合運用能力の維持・向上を図る」

とある。これほど大規模な演習が、両軍の指揮機能を事実上一元化したかたちで実施されるのは初めてのことだ。さらに見のがせないのは、「周辺事態等各種の事態」が演習目的にかかげられ、参加した米艦隊の一部は、室蘭、函館、舞鶴の民間港に事前寄港した事実である。空母「キティホーク」は、母港・横須賀から北海道・室蘭に寄港し、そこから沖縄西方の演習海域に直行・展開した。

このことは「周辺事態」において民間の港や空港の使用を作戦の前提にしていることをあらわすものである。ここには地方自治体や企業をも組みこむ「武力攻撃事態法」、「国民保護法」との接点が見えかくれしている。また、演習項目に自衛隊による「米軍基地警護出動」、日米共同「弾道ミサイル対処訓練」、陸・海・空自衛隊の「機動展開のための輸送訓練」がくわえられたことも「日米統合運用」の新展開といえる。

以後毎年、「新ガイドライン」にもとづく統合演習や特別訓練が行なわれている。〇九年二月、沖縄近海で実施された「対潜特別訓練」には、原子力空母「ステニス」を護衛する海自護衛艦四隻の写真が公表され、演習後ステニスは佐世保に寄港した。

教育基本法改悪・国民投票法・防衛「省」昇格

「日米共同統合実動演習」が実施された二〇〇七年は、憲法施行から六〇年目にあたっていた。旧約聖書に「イナゴの年」という表現があるが、安倍晋三内閣のもとでむかえた「憲法還暦の年」の憲法状況は、まさしくイナゴの食害を受けて一面枯死した畑のような、さんたんたる有様となった。〇七年は、憲法にとっての「イナゴの年」だったといえる。

「小泉劇場の五年半」につづく「安倍政治の三六四日」。とりわけ、国会で一七回にもおよんだ強行採決と、その結果成立した法案のかずかずにより、「平和・人権・自治」に体現される憲法理念は「立ち枯れの危機」にさらされた。「戦後レジームからの脱却」をさけぶ安倍首相のもと、「教育基本法改悪」にはじまり、改憲手続を定めた「国民投票法」にいたる、国のかたちを根底からくつがえす法案がつぎつぎと制定された。侵略戦争を正当化し従軍慰安婦問題を否認する「歴史修正発言」が首相の口から語られ、学校教科書を書きかえた。

「自衛隊の位置づけと日米安保協力」の分野にあっても、状況は大きくねじ曲げられた。この年一月、防衛庁が防衛省に改組される。「防衛省・自衛隊」が発足した。記念式典で、岸信介の孫にあたる安倍晋三首相は、

「サンフランシスコ平和条約が発効し、我が国が主権を回復してから、五十五年の歳月が流れようとしています。本日、正にこのとき、国防という国家主権と不可分な任務を担う組織たる防衛省を発足させることができたことを、私は時の総理大臣として、誇りとするものであります。この歴史的な日に際し……」

と、「長かった歳月」を回顧するように切りだし、

「今、我が国は、まさに『新時代の黎明期』にあると言って過言ではありません。私は、これまで、『戦後レジームからの脱却』ということを繰り返し述べてきました。『美しい国、日本』を造っていくためには、『戦後体制は普遍不易』とのドグマから決別し、二十一世紀に相応しい日本の姿、そして新たに理想を追求し、形にしていくことこそが求められています。

今回の法改正により、防衛庁を、省に昇格させ、国防と安全保障の企画立案を担う政策官庁として位置付け、さらには、国防と国際社会の平和に取り組む我が国の姿勢を明確に

することができました。これは、とりもなおさず、戦後レジームから脱却し、新たな国造りを行うための基礎、大きな第一歩となるものであります」

と、訓示した。安倍首相にとって、防衛省移行が、省名変更にとどまらない「戦後レジームからの脱却」の次元で受けとめられていることは、その調子の高さからもわかる。

〇七年をつうじ議論されたのは、「テロ特措法」（インド洋での燃料補給活動）の延長問題だったが、ほかにさまざまな事象――久間《きゅうま》防衛大臣の歴史認識（「原爆投下はしょうがなかった」発言）から、防衛事務次官の汚職（守屋事件）、防衛装備品調達の利権構造（山田洋行事件）――がめまぐるしく交錯し同時進行した。一年のうちに防衛大臣が四人も代わり、防衛次官が起訴され、「対日報告書」に名をつらねた米政府高官が、じつは日米軍需業界をつなぐコンサルタントやフィクサーだった疑惑も生じた。「ナイ・リポート」の裏にかくされていた政・官・業の癒着、「安保の暗部」が照らしだされたのである。国民は、「日本の安全」が利権の対象にされてきた事実を知らされた。そのことは「事件」であると同時に、「新ガイドライン以降における安保協力の展開」の深層ないし構造としての側面もあわせもつ。

“海外派兵”を「本来任務」にかかげた自衛隊法改正

安倍内閣は、「新ガイドライン安保」における対米従属政策の総仕上げをはかった。要約すると、

第一に、「9・11事件」以後、小泉内閣にはじまる自衛隊の「戦時・戦地向け派遣」の流れが、安倍内閣時代に、公然たる「集団的自衛権行使＝他国の戦争への参加容認」へとエスカレートし、より露骨にアメリカの対アフガニスタン・イラク戦争への関与度をつよめたことである。「イラク特措法」が延長され、クウェート駐留の航空自衛隊は、陸自部隊のイラク撤収後も「米軍兵士・軍用物資の輸送」という、戦闘行為と区別しがたい日常任務に従事するようになった。この活動実態は、事実上の検閲（取材拒否と墨ぬりの情報開示）によってまったく闇に包みこまれた。

第二に、これと連動するかたちで、「防衛省」発足により、自衛隊が海外活動を「本来任務」としてもつこととなったことがあげられる。「周辺事態」へ向けた法整備である。

改正自衛隊法第3条は、あらたに第2項に自衛隊の任務を、

「我が国周辺の地域における我が国の平和及び安全に重要な影響を与える事態に対応して行う我が国の平和及び安全の確保に資する活動」。

二「国際連合を中心とした国際平和のための取組への寄与その他の国際協力の推進を通じて我が国を含む国際社会の平和及び安全の維持に資する活動」。

と規定した。この新自衛隊法により、従来の自衛隊の任務「直接侵略及び間接侵略」対処にくわえ、専守防衛からも国土守備からも逸脱した「海外派兵」が、「本来任務」として位置づけられるにいたったのである。自衛隊は、かぎりなく「普通の軍隊」となり、海外戦争参加に向かう運用態勢がととのえられた。

第三に、新ガイドラインをうらづける「在日米軍再編」の「行程計画」(ロードマップ)が、安倍内閣のもとで最終決定され、実施のための「在日米軍再編促進法」が成立したことがある。両政府合意の「ロードマップ」(二〇一四年完了予定)によれば、ハード=基地の再編面では、沖縄、岩国などに見られる新基地建設と機能強化がはかられる。あわせて「再編促進法」により、国は基地周辺地方自治体にたいし「アメとムチ」(協力の度合いに応じ出来高払いの再編交付金の支給、もしくは支給凍結）の選別を行なう権限をもつことになった。

一方、ソフト＝指揮・作戦面においては、在日米軍基地に事実上の「日米合同司令部」を新設する計画――前掲したように、横田米空軍基地（東京都）に「日米共同統合運用調整所」を開設。また座間米陸軍基地（神奈川県）に「米陸軍新司令部」が移駐してきて、「陸自・中央即応集団司令部」との間に「戦闘指揮訓練センター」が新設される。さらに横須賀米海軍基地（神奈川県）が原子力空母ジョージ・ワシントンの母港となって、「米第7艦隊と自衛艦隊」の統一的な運用態勢をととのえる――これらに象徴される「日米軍事力の一体・融合化」が、実体として動き出した。

だが「新従属路線」はまだ完成途上

第四に、9条のもとで最大のタブーとされてきた「集団的自衛権の行使容認」（海外で戦争できる自衛隊）に踏みこんだこと。安倍首相は防衛省発足式典の訓示において、

「集団的自衛権の問題についても、国民の安全を第一義とし、いかなる場合が、憲法で禁止されている集団的自衛権の行使に該当するのか、個別具体的な事例に即して、清々と研究を進めてまいります」

とのべたが、その実施のため首相のもとに、前駐米大使・柳井俊二を座長とする「安全保障の法的基盤の再構築に関する懇談会」を設置し、「現憲法下で集団的自衛権が容認される四つの類型」についての検討がもとめられた。以下の項目である。

❶米国に向かうかもしれない弾道ミサイルの迎撃⬇日本のミサイル防衛網を利用して、アメリカを目標とする第三国の弾道ミサイルを自衛隊が迎撃することは可能か？

❷公海における米艦の防護⬇公海上で、海上自衛隊の艦艇と並走するアメリカの軍艦が攻撃された場合に反撃できるか？

❸国際的な平和活動における武器使用⬇自衛隊を含む多国籍軍が、共通作戦従事中に攻撃された場合に応戦したり、武器・弾薬の輸送・補給を行なえるか？

❹同じ国連PKO等に参加している他国の活動に対する後方支援⬇国連平和維持活動で、任務遂行への妨害を排除するためや他国軍救援に自衛隊が武器を使用できるか？

〇八年六月に提出された「報告書」意見は、「いずれも9条のもとで可能」であった。

突然の辞任表明により自壊した安倍内閣だったが、かれがかかげた「美しい国」とは、日本の安全保障政策における、以上のような近未来デザインであった。海外戦争への参加をタブーとしてきた憲法解釈を変更し、自衛隊をはっきりと「アメリカとともに海外で戦う」方向に据えかえる政策転換といえる。

正しい日本語の使い方でいえば、それは「美しい国」でなく、「美しい属国」への道とすべきだろう。もともと「日米軍事一体化」(対米従属の深化)と「自主憲法制定」(米占領軍の押しつけ憲法改定)という命題は、それじたい背反した概念である。安倍のいう「戦後レジームからの脱却」と「日米同盟堅持」も、突きつめると矛盾し相いれない。かれの心中には「性同一性障害」的な感情――意識される「ナショナリスト的」自分と、客観的・外見的存在、「対米従属者」としての自分との不一致(生物学的性別と心理的性別の分裂)がもたらす違和感――が知らずしらずのうちにわだかまっていたのだろう。身体不調を理由にした安倍の「自爆」は、論理的にも必然のなりゆきであった。

＊

このような、「憲法施行六〇年」に「戦後レジームからの脱却」を対置させた安倍路線に、国民は、七月の参院選で明確な「ノー」の意思表示を突きつけた。選挙の結果、国会の勢力地図が変化し、政府与党は参議院の支配権を失った。「憲法の立ち枯れ」状況は、かろうじて食い止められた。

たくさんの約束手形が振り出され、法律もできたが、「ナイ・イニシアチブ」で開始された「新従属路線」は、〇九年夏、まだ最終的な実現段階にいたっていない。〇七年参議院選で、小泉~安倍シナリオに狂いを生じ、「9条決壊」を現実に押しとどめる機会が生まれたのである。与野党逆転状況をさらに衆議院でも再現させ、政権交代に持ちこむことができれば、米側対日要求の柱——1「米軍再編」促進、2「日米地位協定」における現行特権維持、3「海外派兵」の日常化、などを断念させ、長期間無視されてきた憲法理念回復の転回点とすることができる。

そのためにもとめられるのは、「憲法を護る」側が、有権者に説得力ある対抗構想と政策を示せるか否かであろう。

Ⅳ

日米安保をどう変えてゆくのか

二〇〇四年八月一三日午後、沖縄・米軍普天間基地の大型輸送ヘリが隣接する沖縄国際大学構内に墜落して爆発、飛び散ったヘリの破片は周辺のマンションや民家を直撃した。大事故にもかかわらず現場はただちに米兵約百人が出動して封鎖、県警や消防本部の立ち入りを許さず、残骸を運び去った。日米地位協定を歯牙にもかけないその行動に、米軍「占領」の実態が浮かび上がった（石川真生撮影）。

米国の経済も軍事も変化は避けられない

いま、国際社会は未曾有の経済危機の真っ只中にある。デリバティブ取引に主導された「グローバル経済」が「淀みに浮かぶうたかた」にすぎなかったことは、だれの目にもあきらかになった。たとえ、(何年もかかるだろうが)現在の混乱を乗りきって破局を克服したとしても、国際経済という河の流れが「もとの水に」戻ることはない。では、変わるべき経済秩序は？　世界各国は、懸命にそれをさがしている。

同時に、現在の危機が経済領域のみにとどまると考える人もいないだろう。米金融界に発したガン腫は、やがて国際政治システムのあらゆる分野に転移・拡大していくことが必至のいきおいである。とりわけアメリカ。経済危機は、ブッシュ前政権を支えてきた米国家戦略の二つの行動原理――(マーケット至上主義にもとづく)「新自由主義経済」と(「文明の衝突」史観にもとづく)「単独行動・先制攻撃主義」が、ウォール街およびイラク・アフガニスタンの戦場でともに破綻し、もはや「粘土の足」でしか立ってない冷厳な事実を明らかにした。アメリカ資本主義に、これ以上巨額の軍事費と経済救済のための国内支出を同時にまかなう力はない。第二次世界大戦以降つづいた「前方展開」と「海外基地維持」政策全般にわたる転換が避けられなくなった。

それが「唯一超大国」「テロとの終わりなき戦い」に基盤をおいた冷戦後戦略の見なおし、そして中・長期的には「海外基地ネットワーク縮小」に向かうことは必然の帰結だろう。米政府の経済危機打開策が米世界戦略の変更をともないつつ進展していく過程で、「日米安保体制のありかた」に大きな変化をもたらさずにおかないこともまた明白である。したがってオバマ大統領の登場は、日本の外交・安全保障政策へのリアルな課題を突きつけていることになる。

だが米国の対日政策は変わらない

とはいえ、オバマ大統領の「チェンジ」に過大な期待をいだけそうにはない。新政権の対日安全保障政策、その一端は、たとえば、就任早々のヒラリー・クリントン国務長官を訪日させ、「日米グアム協定」（〇九年二月）に調印、「米軍再編実施計画（ロードマップ）」を「政府間合意」から「国家間条約」に強化した「スマートさ」にしめされた。日本政治の変動を予期したリスクヘッジ＝保険がけ（政府間合意では次期政権を拘束しない）。はやくも自民党政治の終焉を見こした「つぎの政権」への圧力に着手しているのである。

冒頭に、ワシントンに結集した外交スタッフの顔ぶれを紹介した。そこから読みとるかぎり、クリントン国務長官のもとで打ちだされる米新世界戦略は、「国際協調路線」を「同盟国の責任強化」に振りかえる、つまり「同盟国の役割分担」によって「米単独行動の負担」を代替させようとするものだろう。この点において、日本にきびしい要求がなされることは避けられない。過去に振りだされた手形の回収、自民党政権がなした対米公約の実施督促――「在日米軍基地再編」「ミサイル防衛」「海外派兵」などにかんして、ブッシュ政権時代とは別角度からの対日圧力が、オバマ政権の「知日派スタッフ」によってつよく伝達されるのは確実である。ちがいがあるとすれば、アーミテージ流の軍人風表現、「ショウ・ザ・フラッグ」や「ブーツ・オン・ザ・グラウンド」といった居丈高な調子から、オバマ流の「スマート・パワー」に、つまり、ソフトでおだやかな言葉づかいにかわる程度であろう。アメリカにとって、経済的に苦境になればなるほど「日米安保同盟の資産価値」は高まるのである。「グアム協定」（日本が六一億ドル負担）はその第一弾だと考えられる。

しかし一方、時を同じくして、日本の政治状況にも地殻変動を思わせる鳴動がたかまっている。米アジア戦略にぴったりと寄りそってきた自民党政治の退場は、時間の問題となった。政権交代――それは、あたかも「米軍のための埋蔵金」のように利用されてきた「基地権益の財政支援たれながし」に象徴される、惰性にみちた対米従属の安全保障政策を、アメリカとはちがう観点から「チェンジ」する好機と受けとめられる。自民党にかわる新政権は、この時期を、従来の「米世界戦略の従属変数・日本」の地位から「9条のもとでの自立」方向に脱却させるため、あらたな安全保障観と政策枠ぐみを国民に提示する機会としなければならない。

根源に「安保体制」そのものがあるのはたしかだが、さしあたり「安保条約即時廃棄」は、新政権の結集軸となりえない。客観的にみて、そのような選択肢を国民が受けいれる準備ができていないからだ。二月、当時の民主党・小沢代表が「アメリカのプレゼンスは第7艦隊だけで十分だ」と発言したとたん、政府与党周辺ばかりでなく有力メディアからもいっせいに「それでは日本の安全が保てない」と批判の声があがったことに、それはあらわれている。残念だが「安保条約ぬきの日米関係」は、いまだ熟していない。国民合意が未成熟な段階で「安保即時破棄」を主張するのは、現実的でないだろう。
だが、日本の外交・安全保障政策を「アメリカの従属変数」から離脱させる方向に転回させることは、安保条約を廃棄しなくとも可能である。以下、その方途を考えていく。

政権交代が基地撤去を生み出す

一般的にいって、とくに民主主義国家にあっては、政権交代が大きな政策転換を打ちだす最上の機会となることはいうまでもない。総選挙で示された「直近の民意」を外交政策にも反映させるまたとない場である。スペインとイタリアは、総選挙の結果によってイラク戦争からの撤退を実施したし、それより前、フィリピンはアキノ新政権のもとで「米軍基地貸与協定の延長中止」に踏み切った（その結果、九二年には極東最大のスービック海軍基地、クラーク空軍基地はじめ全基地が返還された）。いずれの政策変更もアメリカは受けいれた。国民の意志が選挙によりはっきりと表されたからである。

九〇年代後期、駐日米大使特別補佐官をつとめた政治学者ケント・カルダー（プリンストン大学）は、最近出版された『米軍再編の政治学　駐留米軍と海外基地のゆくえ』（日本経済新聞社、〇八年）のなかで、（日本の政権交代を予測しているわけではないが）注目すべき見解をのべている。

「外国基地は、いってみれば〝砂上の楼閣〟であり、アメリカが不穏な状況で中東への関与を強めるにつれて、いよいよその様相を呈している。中東だけが例外でなく……基地を維持するのが年々難しくなる。どこでどのように維持するかが、重大な政治課題となっている」。

カルダーは、国務省の職員だった時期、世界各地の米軍基地をおとずれ、「ゲートの外には、貧しく不穏な苦悩に満ちた世界がある」のを自分の目で見た。日本勤務時代には、モンデール～フォーリー～ベーカー大使のもとで政策ブレーンをつとめ、「沖縄に一六回行き、日本にある米軍施設のすべてと、韓国の施設の大部分を見た」。その体験をつうじて、「独立国に外国の軍隊が駐留するのは、かつては異例で不都合な現実だった」と振りかえりながら、いまや「外国基地は砂上の楼閣」と結論するのである。カルダーはまた、最新著『日米同盟の静かなる危機』（ウェッジ、〇八年一二月）で、日米関係を論じながら、以下のように問いかける。

「リチャード・アーミテージはイギリスとの英米同盟こそが将来の日米関係にとってもっ

とも望ましい指標になると指摘する。詳細な検討を経て、これは不適切なモデルだという結論に本書では達した」。

また彼は、こうも書く。

「時代は言うまでもなく変わり行くものだ。朝鮮戦争は過去のものとなり、冷戦も終わった。……ダレスや日米安全保障条約の誕生の頃から時代があまりに変化してしまったのであれば、日本とアメリカは、今となっては古びてしまった同盟の運命や妥当性をなぜかくも気にしなければならないのか。六〇年も年をとってしまった遺物は、単に歴史のゴミ箱に捨ててしまえばよいではないか。これまでの長い間の実りある役割を讃えて、静かにお別れしてしまえばよいではないか」。

米当事者（カルダーは安保廃棄論者ではない）のなかに、このような悲観的見方が生まれていることは興味ぶかい。カルダーは、外国基地が〝砂上の楼閣〟である例証として、政権交代があった場合、「外国軍が自主的もしくは強制によって撤退する確率は八〇％を超えている」と事例検証を行っている（『米軍再編の政治学』）。

同書の「基地の政治学のパラダイム」によると、「政権交代（YES）が外国軍の撤退（YES）」にむすびついた例は、米軍基地12、英軍基地8、仏軍基地8、ロシア軍基地12、合計四〇例にのぼる。これにたいし、「政権交代がYES」だったにもかかわらず「外国軍撤退NO」、つまり「適応に成功」（基地が存続）したケースは、わずか九例にすぎない。まさしく撤退確率八〇％以上である。

これら歴史的、世界的な事例分析ののち、カルダーは、

「結論からいうと、外国軍に撤退をせまる政治力は、基地配置国ではなく受入国の国内政治に根ざしているのがふつうである」

とのべる。政権交代がいかに外国基地のありかたに重大な転機となるかが理解できる。

ちなみに、日本についてカルダーは、基地経営形態を四モデル——バザール型（トルコの場合など）、強権型（かつての韓国やスペイン）、補償型、情緒型（サウジアラビア）に分類したなかの「補償型」に分類し、「強制をほとんど行なわず、そのかわりに相当の物質的補償を提供するという基地関係のはっきりした特徴がある」と分析している。また日本の政治情勢を「休火山?」と形容し、「外国軍の撤退（NO）政権交代（NO）」とみている。留保つきの「現状維持」である。

しかし、現下の日本における政治情勢も、政権交代＝YES、基地撤退＝YESが「八〇％の可能性」の段階——「活火山」に近づきつつあるのではなかろうか。また、そこへ向

かうべきではないか。

「対米従属安全保障」からの転換

このように、「外国基地〝砂上の楼閣〟論」は、世界史的にみてもじゅうぶんな根拠をもっている。世界を見渡せば、冷戦以後、多くの外国軍基地が消滅した。「在日米軍基地再編」とは逆の潮流がすでに形成されているのである。旧東ドイツのソ連軍基地は（当然ながら）ゼロになったし、それに応じて旧西ドイツ地区の米軍基地も三分の一に減った。フィリピンの巨大米軍基地跡は、貿易特区（スービック）、ハイテク工業団地（クラーク）に変身して一〇年以上たつ。米軍にとって、世界はますます居心地が悪くなりつつある。ごく最近の例を見ても、イラク政府は〇八年アメリカとむすんだ「地位協定」に「米軍撤退期限」や「裁判管轄権」を明記させた（それでも、協定調印式に出席したブッシュ大統領は記者会見の席で靴を投げつけられた）。キルギスタン政府は〇九年、（アフガニスタン作戦の重要拠点である）米軍基地の閉鎖を通告した。

ではあるが、日本の場合、自民党長期政権が日米安保体制と密着不可分のものであった経過および現実から考えると、長期間にわたる「負の累積」(「思いやり予算」という理不尽な経費負担だけで三二年間の累積は約五兆五〇〇〇億円になる)を、短時日のうちに解消することはできないことも、率直にみとめなければならない。げんに「第7艦隊だけで十分」発言に、あれほどの反発が起きるのである。アメリカが日本を守っているという「安保信仰」は、まだ根づよい。だから小沢発言は「黒船ショック」さながらに受けとられたのだ(正確には「逆黒船ショック」とすべきだろうが)。

そこでまず着手すべきことは、民意が「対米従属安保」からの転換を望んでいることを選挙結果によってはっきり確認したうえで、政策転換を安保廃棄ではなく、安保構造の「船底に付着したカキ殻」をそぎ落とす作業、すなわち、「モラトリアム」(一時停止)と「見なおし」(再協議)によって開始することであろう。安保体制を「解体はしないがドック入りさせる」。そのうえで、あらたな日米関係の針路再設定にすすむという政策展開である。

この観点に立って最初に行うべきは、日本の安全保障の今後のよりどころを、「日米同盟・周辺事態型」から「国連協力中心」ないし「東アジア共通の安全保障」の方向へ据えなおしていく時代認識の転換、いいかえると「対立と威嚇＝勝者か敗者か（ゼロ・サム）」型のパワー・ゲームでなく、「公正と信義＝どちらも勝者（ウィン・ウィン）」にもとづく「共通の安全保障」のほうに重心を移しかえる、「安全保障の視野転換」であろう。

けっして「コペルニクス的転換」というほど大きなものではない。この立場こそ日本国憲法の指示なのである。前文にいう「平和を愛する諸国民の公正と信義に信頼して、われらの安全と生存を保持しようと決意した」に戻るだけのことだ。現行安保条約が拠《よ》って立つ基盤も、前にみた安保国会での「岸答弁」にあるとおり、条文解釈上は、あくまで「9条の枠内」における協力なのであり、「安保と9条」は本来的に背馳するものではない。前にみた社会党の「石橋構想」にしても、安保条約の即時破棄は前提となっていなかった。

さらに視野をめぐらすと、冷戦終結以降拡大しつづけるEU（ヨーロッパ連合）域内にあっては、「ウィン・ウィン関係」にもとづく地域協調が、すでに「共通の外交・安全保障政策」の名で根づいている。ソ連解体の年、マーストリヒト条約によって誕生したEUは、いまやヨーロッパのほぼ全域をおおい、実質的な「不戦共同体」となった。実態が日本によく伝わらないのは、いかに日本が「ワシントン発」の情報に支配されているかのあかしでもある。これらの事実をあげることで、国民への説得はじゅうぶんできるだろう。

こんにち、ユーロが「ヨーロッパの共通通貨」となりえているのも、また現下の経済危機にさいしてEU諸国が保護主義やナショナリズムを排し結束しているのも、「共通の安全保障」が基礎にあってこそなのである。

したがって、さしあたり日米安保そのものに手をつけないままで、「ゼロ・サム型安全保障」から「ウィン・ウィン型安全保障」に、べつの言葉でいえば、「(二国間)集団的自衛権」から「(多国間)共通の安全保障」、そして「(普遍的な)国連の集団安全保障」へと重心を移動させ、方向転換していく展望――それはけっして夢想でも非現実的な選択でもない。そのために「国内コンセンサス」を確立させる決意と説得の努力、また「対米協議申し入れ」を行う政治姿勢を明確に打ちだすことで開始できる。そこへ向けた認識の転換と政策提起を「マニフェスト」ないし野党間「政策協定」のかたちで提案できるかどうか、そこが新政権・安全保障政策の試金石となる。

おおまかにいうと、「従属からの脱却」の手順は、

①国内向け⇓日米安保条約を「拡大解釈と密約」の世界から開放する(情報開示による密約外交からの脱却)

②外交措置⇓「新ガイドライン」と「海外派兵」の見なおし通告（いくつかの軍事協力の凍結と対米協議開始）

③対アジア⇓日米軍事同盟に代わる「新アジア外交」の構築（「東北アジア非核地帯設置条約」や「東アジア海上保安協力協定」締結など東アジア版・共通の安全保障提唱）

以上の輪郭でしめすことができよう。

では、どのように主体的に議論を立てるか？

「安全保障」のあり方をとらえ返す

「従属からの脱却」の各論にはいる前に――深いりはしないが――そもそも安全保障とはなにか、について、すこしだけ触れておきたい。

「安全保障とは、国民生活をさまざまな脅威から守ることである」

これは一九八〇年、大平正芳内閣の「総合安全保障研究グループ」が発表した「大平総理の政策研究会報告」の一節である。すでにこの時代から、自民党の一部にさえ安全保障を「総合的に」考える問題認識が芽ばえていたことがわかる。

この定義を受けつぐかたちで、私たちはつぎのように書いた（『9条で政治を変える　平和基本法』前田哲男、児玉克哉、吉岡達也、飯島滋明共著、高文研、〇八年）。

《……そうすると、食糧もエネルギーも「国民生活を守る」ことと不可分であるがゆえに「安全保障の領域」にはいってきます。じじつ「食糧安全保障」や「エネルギー安全保障」といういいかたは日常的に使われます。そしていまや、環境保護さえ「地球温暖化」の警告とともに、安全保障の一翼として受けとめられている、そのことは、最初に見た「洞爺湖サミット」の議長声明にもあるとおりです。

たしかに「軍事力による国防」は、長いあいだ伝統的で一般的な安全保障のかたちでありました。とはいえ、安全保障の意味が「地球温暖化防止」まで拡大されて論じられるようになると、そこに軍事力が果たす役割はもはやありそうにない。地球という単一の環境、人類という単一の種には、もともと「敵」など存在しえないからです。「人類そのもの」は、（対ＵＦＯはべつとして）戦争をなしえません。「オゾン層の消滅」や「温暖化ガスの増加」にたいして、どのような「戦争」や「軍事的防衛」が可能でしょうか？　二一世紀における安全保障とは何か？　私たちは、かつてない命題を突きつけられているのです。》

このように「安全保障の概念」は、いまやエネルギー、食糧、地球環境といった「非軍事領域」をもとりいれながら変化している。そうであれば、安全保障の対象が、軍事優先の安全保障から多様な要因をとりこんだ「共通の安全保障」(憲法前文にいう「諸国民の公正と信義」)や「人間の安全保障」(おなじく「全世界の国民がひとしく恐怖と欠乏から免かれる)へと変わるのは、自然のながれといえる。オバマ政権が提唱する「国際協調路線」や「グリーン・ニューディール構想」も、その方向への踏みだしとして受けとめられる。ならば日本の安全保障のありかたを「9条の方向」に転換させるのは、おかしなことでも非現実的な道でもない。憲法前文に沿うまっとうな生き方である。

あらためてのべるまでもなく、安全保障の意義は、国民の生存と安全を「何から」「何を」「どのように」守るか明示することに帰する。脅威はどこからくるのか(対象と態様)、守るべき価値とは何か(独立保全、民主主義の価値観)、防衛の方法と程度をどこに引くか(政治・外交との調和)などがあきらかにされ、国民合意をえることが大前提となる。

安全保障のありかたを大まかに区分してみると、

[1] 脅威そのものをなくし国際環境を好ましいものにする努力⬇地球レベルでは「国連

の下の紛争処理と平和構築」「人間の安全保障＝平和的生存権」の確立。地域レベルでは「ＥＵの共通の外交・安全保障」のような不戦共同体。

[2] 理念や利益を同じくする国と同盟し軍事パワーのバランスで安全保障を実現する方法➡ＮＡＴＯ、日米安保など。

[3] 脅威に対処する軍事的努力を独自に構築し安全保障を確保する方向➡スイス型中立、北朝鮮型独自核武装、、日本の徳川期型鎖国。

日本国憲法における安全保障のあり方が、[1]を指向していることに異存はないだろう。だが現実のながれは、みてきたとおり、[2]のパワーゲームのもとで、「ソ連の脅威」「北朝鮮の脅威」「中国の脅威」といった仮想敵をつくりあげて「周辺事態」や「武力攻撃事態」をひとり歩きさせ、国民にとって国民の安全と安心とはほどとおい、中央集権・先制自衛・自由参戦国家をつくりあげる方向にうごいてきた。それは安全保障の王道である「脅威そのものをなくし国際環境を好ましいものにする」に反する道といわなければならない。またそのような政策は、かならず「安全保障のジレンマ」と呼ばれる逆説にとりこまれる。以下のサイクルである。

▼「国民の安全を守る」ためという脅威対象国の設定⬇対象国との不信・緊張関係から軍拡競争にいたるジレンマの発生。すなわち「わが国の安全」を武力や軍事同盟で守ろうとすれば、それは「隣国の安全」にとって危険のシグナルと受信され、対抗上、「隣国」も「わが国の安全」のためとして軍拡に向かわざるをえない。結果、軍拡のシーソーゲーム、「際限ない軍備競争」というジレンマにおちいる。

▼「自由な社会を守る」ためという名分で国民の権利を制限する「国家の逆機能」⬇自由な社会の防衛という目的が、反対に自由圧殺を呼びこんでしまうパラドクス。これについては「9・11事件」後に「愛国法」を制定したアメリカ社会の法的頽廃——拷問、盗聴、人権侵害の実態をみれば、説明の要はないだろう。

かつて「国家総動員法」（一九三八年制定）のもとで行われたアジア・太平洋戦争は、日本にとって（侵略戦争ではなく）「自存自衛」の戦いとされた。「新ガイドライン」以降の日本はふたたび、（敵基地攻撃論や独自核武装論にみられる）「軍拡症候群」と（国民保護法などにみられる）「国家の逆機能症状」のジレンマの新局面に直面しているようにみえる。

ちがっている点は、一九三〇〜四〇年代日本の脅威対処が、こんにちの北朝鮮のようなタイプ③（独特の国家観・軍事的冒険主義・国際的孤立の甘受）であったのにたいし、いまは、②の変形といえる「対米従属路線」をとっている点だろう。

対米従属ばかりでなく、日本の安全保障政策は、「テポドンにミサイル防衛を」とさけぶ点で、「軍拡ジレンマ」に陥っている（テポドンが複数弾頭化や軌道変更できるように精度をたかめると、ミサイル防衛は無効になる。そうすると「敵基地攻撃を」、それも「やられる前にやれ」へとエスカレートしていくだろう）。また「周辺事態法」や「海外派兵恒久法」は、「邦人保護、国際貢献」といった美しいことばで飾られているものの、反面で、「基本的人権の制限、地方自治の制約」など「対内ジレンマ」をすでに発生させている点で、「国家の逆機能」をも現出させつつある。〇七年に暴露された陸上自衛隊・情報保全隊による「市民運動監視事件」（イラク派兵に反対する集会や政党の演説会に隊員を潜入させ、記録・分類・評価した）は、安全保障を名分に市民の自由に介入する「治安国家」が日本とも無縁でない事実をしめすものである。

そのような「ジレンマ」をともなう手段でなく、新時代の安全保障政策は、憲法、国際法、国際組織の有効な活用と市民の自発的協力のうえに構築されるものでなければならない。新政権のもとでまずなされるべきは、日本の安全保障における国家行動原則の確認である。とりかかりは「日米安保同盟の船底に付着したカキ殻」のそぎ落としからはじまる。

すぐに取りかかれる分野（国内措置）

新政権は、発足後ただちに「安保白書」を作成し公表する。軍事秘密の細部まで公開しなくともよいが、国会と国民に知らされてこなかった軍事協力の内容と、それが合意された交渉経過（たとえば、安保運用の最終決定機関とされる「日米合同委員会」の議事録はいっさい公表されていない）は、原則として情報公開の対象とする。それによって、日米軍事協力の実態が「規定された安保条文」と「国会における政府の公権解釈」からいかに逸脱し、国会と国民の合意をえない「秘密合意＝密約外交」のもとで運用されてきたかの事実が明白になるはずだ。「沖縄返還交渉」にまつわる秘密合意のかずかずや「思いやり予算」にかんする法的根拠のない経費負担が白日のもとにさらされれば、国民は、安保条約の運用が、じつは「安保条約違反」の上に成りたっていたことを理解するだろう。

この「安保白書」公表により、歴代自民党政権が「憲法と安保」の整合性を保持しようと、国会の場で国民にしめした安保条約の拘束条件――「集団的自衛権の禁止」「極東の範囲の限定」「事前協議による非核三原則の遵守」など日米防衛協力にかかわる事項を、じっさいの運用の場で、大きくねじ曲げ、無視・空洞化してきた実態があかるみに出る。それにより国民は「安保の現実」に直面できるはずだ。アメリカにしても、オバマ大統領自身が、イラク戦争におけるブッシュ政権の秘密外交を批判して当選したことを振りかえるなら、日本側が密約を公開したとしても「ルール違反だ」とはいえないだろう。

そうした長年にわたる虚偽と隠蔽の累積が、外務省に保管された非公表文書の公開――沖縄密約や日米合同委員会議事録の開示であきらかになれば、日米安保が、国民に説明された内容とまったく「似て非なるもの」に変質している実情、また、「日米同盟」なるものが、透明性のみでなく法的手続きさえ欠いたところで長年運用されてきた経緯を、国民がひろく認識することになる。これが「安保構造の船底に付着したカキ殻をそぎ落とす作業」にあたる。「安保協力のドック入り」である。

それを基盤にして、新政権は米政府にたいし以下二点の申し入れを行う。

(1)日米安保条約は当面維持する。しかし、この条約は第一〇条（効力終了）につぎの規程――「(終了)通告が行われた後一年で(この条約は)終了する」とさだめられていることを確認し、日本側は、毎年の通常国会で「終了通告」を行うかどうか議決によって決める、と表明する。つまり「継続か、終了か」を毎年きめる。それが短すぎるというなら、「総選挙のマニフェストにかならず盛り込む」でもよいだろう。

(2)そうした措置のもとで条約は当面維持されるが、60年安保改定以降積みかさねられた安保運用にかんして日米間でなされた秘密取り決めは、安保条約および付属協定、交換公文から逸脱し、また国会と国民になされた説明とことなる内容が多い事実にかんがみ、それら議会制民主主義の手続きに反した「密約部分」について新政権は継承せず、したがって拘束されない、と表明する。

このように政府の基本的立場を表明し、以後の安保運用にかんし米側に協議をもとめる方針をあきらかにする。これによって日米安保を継続するか終了通告するかを決定する前段措置として、安保条約の厳格実施、すなわち、安保条約が本来あった(60年安保国会で解釈された)時点の状態に引きもどすことができる。その結果、安保条約を当面存続させつつも、以後の安全保障政策に多様な選択肢があたえられる。一例をあげると、「非核三原則」政策は、日米双方で了解された条約付属の「事前協議」によって、「核兵器持ち込みについて日本側はいかなる場合もＮＯという」とされているので、それを政府声明で明確にしておけば（そして「非核三原則」を強化して「非核法」を制定すれば）、安保条約のもとで「東北アジア非核地帯設置条約」をむすぶことも妨げられない。

対米協議を申し入れる

「安保白書」公表につづき、新政権がなしうる措置として、海外に派遣されている自衛隊部隊の「出口戦略」決定がある。インド洋の補給支援活動、ソマリア沖海上警備活動を中断させ、撤収命令をくだす措置である。中断と撤収は「テロ特措法」などを廃止するより前に、政府命令による「派遣基本計画変更」ですぐにも実行できる。総選挙時の「マニフェスト」ないし「政策協定」にかかげておけば、「撤収か継続か」の民意は明瞭にしめされるだろう。選挙の結果で海外派遣部隊を撤収させた例は、イラク戦争におけるスペイン、イタリアなどいくつもある。アメリカ政府は報復措置などとらなかった。

ただし、「ＰＫＯ協力法」にもとづき国連平和維持活動として派遣中の自衛隊活動は、しばらく継続すべきだろう。〇九年春現在、ゴラン高原（兵力引き離し監視隊四三人、九六年〜）、ネパール（停戦監視要員六人、〇七年〜）、スーダン（停戦監視二人、〇八年〜）などで実施中だが、これらの海外活動については、即時呼びもどしの措置はとらず、あらたな国連協力のかたちを国民的に議論したのち決定する必要がある。

その理由は、国連のＰＫＯは９条が禁じる「交戦権」や「集団的自衛権」にわたるような活動ではなく、また、停戦協定の存在、紛争当事者による受けいれ同意、武器使用の抑制など「国連の原則」により派遣されるので、「武力の行使」にいたることもない。国連による「平和維持」「平和構築」活動は、今後（非軍事的分野で）拡大していかなければならない。したがって「自衛隊の海外派兵」とは一線を画し、即時撤収といった短期的措置でなく、自衛隊活動にかわる「国際協力組織」をつくっていくことと歩調をあわせた、中・長期的な視点と問題意識で考えていくことが必要だろう。

以上とあわせて、安保条約第４条にもとづく「随時協議」の開始を米政府に申し入れる。日米関係のとりあえずの基礎を「日米安保条約の厳格実施」におくとするならば、当然、条約運用の大前提は、「両国の憲法上の規定に従う」（条約第３条）ことでなければならない。しかしすでにみたとおり、現実の日米安保協力のかなりの部分、たとえば「周辺事態協力」「物品役務相互提供協力」「船舶検査協力」などは、集団的自衛権の行使にわたるうたがいがつよく、日本国憲法の規定から逸脱した活動とみとめられる。また同様の理由で、「非核三原則」（核兵器搭載能力艦艇の入港）、「宇宙利用の平和原則」（ミサイル防衛）、「武器輸出三原則」（ミサイル防衛ミサイル共同開発）、「海外派兵禁止原則」（インド洋・ソマリア沖派遣）なども、「憲法違反の行為」とみなされる（〇八年四月、名古屋高裁がくだした「イラク特措法違憲判決」はその直近の根拠である）。

それらの多くが国会の民主的統制のおよばない「秘密合意」によって形成・累積された経緯（その具体的内容は「密約文書公開」によりあきらかになる）を指摘しつつ、アメリカ政府にたいし、新政権は、安保条文・交換公文を基礎としない安保協力について履行義務を負わないとする基本的態度を表明するとともに、公式の場で協議したいと申し入れる。条約第4条は、「締約国は、この条約の実施に関し随時協議」することを「いずれか一方の締約国の要請により」行うとさだめ、そのもとに「安保協議委員会」も設置されているので、米側が交渉を拒否することはあり得ない。安保運用の決定権限を「日米合同委員会」のような密室から公開性と透明さを発揮できる場へとうつすのである。

「思いやり予算」の打ち切り

「安保条約第6条に基づく日米地位協定」によれば、「日本国に合衆国軍隊を維持することに伴うすべての経費は……日本国に負担をかけないで合衆国が負担する」とされている（第24条、経費負担）。日本の負担義務は「施設及び区域並びに路線権」の無償提供に限定される。つまり基地の運用は「割り勘」ということになる。でありながら、日本側は一九七八年度以降、「思いやり予算」という名の駐留費負担を現実に負担してきた。その額は、ここ一〇年以上、「（家族住宅建設をふくむ）施設整備費」「（基地従業員すべての）人件費」「（家族住宅もふくむ）光熱水費」「（沖縄から本土への）訓練移転費」などの面で毎年二〇〇〇億円前後にもなる。累積支出額は五兆五〇〇〇億円にたっした。

新駐日大使に予定されるジョセフ・ナイが、「ナイ・リポート」で「日本は、米国のいかなる同盟国にも増して、米軍受け入れ国としての群を抜く寛大な支援を提供している。日本はまた、われわれの軍事行動・演習に対して安定的かつ確実な環境を提供している」

とのべ、日本の対米財政貢献は「総額で毎年四〇億ドル強の規模」にもなり、「このほかに施設建設費を年間約一〇億ドル負担している」と称賛するのも当然だろう。

ケント・カルダーも、『米軍再編の政治学』の「基地政治の解剖」の章で、日本型基地政治を「補償型」に分類し、「日本では、あらゆるところで補償型政治が見られるが、とくに基地問題においては、それが非常に目につく」と指摘し、「日本ほど一貫して気前のいい支援を行ってきた国はない」とのべ、つづけてこう指摘している。

「日本政府は一九九〇年代後半から二一世紀にかけて、国内の米軍駐留経費総額の七五パーセントないし七九パーセントを負担してきた。該当する八年間のうち一九九五年から一九九六年、一九九八年から一九九九年の四年間で、その割合は同盟国中もっとも高かった。……政権が変わると、こうした援助が危うくなることもある。二〇〇四年三月に社会主義政権が誕生したスペインが、即座に自国の軍をイラクから引き上げたという例がある」。

カルダーのいう補償型基地政治の象徴が「思いやり予算」という名の「特別協定」である。名称からしてうさん臭く、一方的で根拠のない基地経費負担が、アメリカ側に「日本に基地をおいたほうが本国より安上がり」(このせりふは米政府当事者が「安保ただ乗り」だと日本を非難する議会タカ派にたいし答える決まり文句だ)という認識をいだかせ、みずからの基地削減努力をおこたらせている。地位協定第24条に明記されている通り、基地経費の負担は日米の「割り勘」である。日本側に基地用地や付属施設の無償提供義務があるのはたしかだが、維持・運用にかんしては米側負担が原則であり、まして、家族住宅建設やその「光熱水費」まで日本側が支払ういわれなどまったくない。

にもかかわらず、一九七八年以降、そのような支出が「一時的・限定的・特例の措置」として基地行政に持ちこまれ（初年度は「駐留軍従業員の福利厚生費の一部負担」六二億円だった）、それが「沖縄密約」と「ロン・ヤス同盟」のもとでじりじりと膨張していき、いまでは「特別協定」という義務、年間二〇〇〇億円前後の負担、使途は「米軍家族の福利厚生費」にまでいたったのである。

ならば、こうした日米地位協定の明文規定にさえもとる負担は、とうてい新政権の受けいれるところでない。したがって、自民党政権時代にむすばれた現行「特別協定」が失効したのち延長に応じない、と態度表明しても、地位協定違反とはならない。「割り勘原則」に戻るだけである。

新政権は、その姿勢を選挙をつうじ国民に公約し支持を確認したうえで、政権発足後、そのことを米政府に通告する。「思いやり予算」を支出する現行「特別協定」の期限は二年なので、安保条約と日米地位協定に手をつけなくても、二〇一〇年になれば自動的に消滅することになる。

「米軍再編」の見なおし協議

在日米軍基地が、地域社会と住民生活への過大な負担、生活不安となっている現状は一日も早く改善されなければならない。もともと「米軍再編」の柱のひとつは「沖縄県民の負担軽減」にあったのだから、在沖縄基地についてはとくに急がれるべきである。であるのに、負担軽減どころか新基地建設まで押しつけられるにいたった理由は、「再編協議」の主題がもう一つの柱である「米軍抑止力の維持」のほうにすりかえられ、交渉の席で、本来の目的と相反したかたちで米側要求に屈したことによる。その結果、沖縄ばかりでなく岩国、横須賀、座間などで、米軍基地の新設、拡張、拡充という「基地負担の軽減」からの逆行現象を生むこととなった。

また、沖縄からの海兵隊移動の引き換えに、グアム基地建設に要する巨額の経費負担を引き受けることにも重大な疑問がある。そもそも「米軍再編」の発端となったのは、九五年、沖縄で起きた米海兵隊員による「少女暴行事件」で一挙に噴き出した沖縄県民の基地過重負担への怒りであった。負担軽減の着手として「普天間海兵隊航空基地の移転」が約束されたのだが、かんじんの普天間基地閉鎖・返還にいっさい言及しないまま、「グアム協定」は巨額の米軍グアム基地建設経費（一戸七〇〇〇万円もの家族住宅三五二〇戸の建設費をふくむ）負担を受けいれてしまった。カルダーのいう「補償型基地政治」の極致であり、「思いやり予算」を海外の米軍基地建設にまで拡大させるものでもある。財政関連法からみても問題があるはずだ。

したがって、安保協力に「一定のモラトリアム」を適用するにさいし、「米軍再編」のあり方を再検討し、基地被害解消、地域住民の不安解消に向け協議見なおしを提案するのは当然の措置である。とりわけ「補償型基地行政」にメスを入れるべきである。このような姿勢をしめし、「思いやり予算」を中止するならば、米側も自主的に「在日米軍基地再編」へ向けた徹底的な点検をようやくはじめるにちがいない。日本とちがって「思いやり」など不可思議な制度を受けつけないドイツの場合、米軍は多くの基地を閉鎖・返還した。

日米地位協定の改定

現行日米地位協定には、「思いやり予算」以外にも問題点が多い。米兵犯罪のたびに取りあげられる「刑事裁判権」(第17条)、「民事賠償権」(第18条)における主権無視のほかにも、「民間の港湾・空港の利用権」、「全国どこでも低空飛行訓練できる」(第5条)、「返還時に原状回復義務を免除される。つまり汚染つき返還の容認」(第4条)、「国内環境基準の遵守」(規定なしなので米軍まかせ)などは、基地周辺住民に多大の苦痛と不安をもたらしている。

前にものべたように、日米地位協定は、六〇年の安保改定時に「条約関連付属案件」として一括上程されたのだが、国会審議が安保条約本文に集中したうえ強行採決で可決成立となったため、協定の条文精査や内容確定にかんする質疑はまったくなされなかった。そこから条文を「自由解釈」して運用する余地がのこされ、官僚たちによる「日米合同委員会」の密室取り決めで「安保慣習法」ともいうべき無数の密約が生まれた。そのとがめが、中曽根=レーガンの「ロン・ヤス蜜月」時代以降、「思いやり予算」の大盤振る舞いとなり、また米軍再編による「全土基地化」の現状となってあらわれたのである。

二次大戦後、日本とおなじような米軍基地形成の道を歩んだドイツは、冷戦後、「統一」と「共通の安全保障」への転換を機に地位協定改定問題と取りくみ、「ボン補足協定」（九二～九四年）によって、「ドイツ国内法優位」原則にもとづく駐留米軍の特権的地位解消、対等化をなしとげた。それにより米軍は国内基地の多くを不用として閉鎖・返還、ドイツ側は「低空飛行訓練の禁止」「米軍基地へのドイツ環境基準適用」「返還時の原状回復義務協議」などを実現させた。

日米地位協定も、ドイツとおなじ「NATO地位協定」をモデルとしている。そして日米地位協定は、安保条約とは別個の条約として国会の批准（強行採決ではあったが）を経たものである。その第27条には「いずれの政府も、この協定のいずれの条についてもその改正をいつでも要請することができる」と規定される。手続き上、米側に改定交渉をこばむ権利はない。すくなくともドイツとおなじレベルの協定改正が可能である。

また、フィリピンのように、アキノ政権のもとで、安保条約にあたる「米・比相互防衛条約」を存続させたまま、しかし「米・比基地貸与協定」を廃止することにより、米軍基地全面返還を実現した（九一～九二年）例もある（その後、「訪問地位協定」がむすばれた）。

いずれも「安保本体」と別途に解決が可能なことをしめしている。

地位協定改定について、あらためて民意を問うまでもないであろう。沖縄県民はいうまでもなく、基地周辺自治体でつくる知事会や市町村会からも、毎年のように地位協定改定決議や陳情がなされているし、民主・社民など野党からは「改正案」もすでに準備されている。あとは交渉開始を申しいれるだけである。

交渉を怖れる理由はない

以上のような「安保政策のオールタナティブ」ないし「さしあたりの運用政策」を、自民党政権に代わろうとする政治勢力が共有でき、それを国民に公約したうえで、総選挙で多数を得るならば、安保条約を維持したままでも、従来とはかくだんに透明度が高く、対等・公平にちかく、また危険と負担の少ない協力内容に変更させることができる。

米政府から見れば、これら新政権の安保運用方針は、歴代自民党政権を従属させてきたのとうってかわった対応であるだけに、不快であり、当然、つよい反発が予測される。新対日政策チームにとっての最初の仕事であり、そこで「ソフト・パワー」の真価がためされる機会となる。またオバマ政権の「スマート・パワー外交」の実質もあきらかにされるだろう。

しかし、米側から「安保廃棄カード」といった極端な反応がなされることはまずないと予測できる。それにより失うものがあまりに大きいからである。もし、米側が「廃棄カード」をちらつかせるとすれば、それは「強がりのポーズ」としてであろう。なぜなら「経済危機」を克服するため日本の協力が不可欠であり、それがくずれるリスクを考えると、反発には限界がある。ことは「思いやり予算」で得られる利益どころではない。米側にとってより大きな国益、「アメリカ長期国債の購入要請」をふくむ、経済生命線がかかっているのである。それとくらべれば、基地権益を「ドイツなみに縮小する」程度の譲歩は「許容の範囲」だと判断できる。世界戦略の組みかえ――国際協調路線への復帰にしても、日本ぬきの青写真を描くのは困難だろう。

それでも、従来「弱者の立場」でしか対米交渉をしてこなかった吉田政権以来の自民党にしてみれば、可能性としてちらつかされる「米側による安保廃棄カード」は、「小沢第7艦隊発言」どころでない恐怖すべき事態と受けとめられるかもしれない。しかし、アメリカが軍事単独行動主義から国際協調路線方向へ踏みだしつつある情勢を直視するとき、むしろ日本側から「安保モラトリアム」による「あらたな日米関係」を発信し、きびしくあっても真摯な日米交渉を行うことのほうが、現行安保とは別次元の、より長期にわたる広範な日米協力の可能性につながるものとなる。真剣な交渉を行いつつ、そのような日米関係の未来図こそ追求されるべきである。

日本も「対米カード」を準備する

それと同時並行して、米側と対等に渡りあうために、日本側の「対米カード」――「東アジア共通の安全保障環境をどう構築していくか」という命題と真剣に取りくまなければならない。ドイツが米軍基地を大幅に縮小できたのも、「ヨーロッパ共通の安全保障」への重心移動という「脅威そのものをなくし国際環境を好ましいものにする努力」があったればこそである。日本もまた「東アジア共通の安全保障」に向けた大きな構想を描かなければならない。それは「拒否する9条」から「創造する9条」への転換と飛躍である。

すぐに取りかかれる分野として、

1 東アジア非核地帯設置条約の提唱

2「シーレーン防衛」にかわる多国間海上保安協力の提唱
3 北朝鮮との国交回復による「核・ミサイル問題」の解決

などがあげられるだろう。このような安保協力にかわる対抗構想と、それを実現させるための政策が提示され、、東アジアにおける信頼醸成を着実に固めながら、通常兵器軍縮、軍隊の縮小へと進めていく。近隣諸国との信頼関係がふかまるならば、「武力攻撃事態法」や「国民保護法案」より安全度の高い、９条を基盤とし、かつ具現化した永続性のある安全保障環境が出現するであろう。

このうち、いちばん身ぢかな問題であるとともに９条に則した国際協力ができる分野として、「シーレーン防衛」にかわる多国間海上保安協力の提唱を取りあげてみよう。

以下は、『世界』〇九年三月号掲載の拙稿「海賊対策にはソフトパワーを」を土台に、その後の動きを※印で補正したものである。

「安全保障環境」構築の一例――海賊対策

私は、国際ＮＧＯピースボートの「地球一周の旅」の洋上講師として毎年一か月以上を海上で過ごしている。海の安全と平穏な航海は大きな関心事である。洋上にいると、「海賊は人類共通の敵」という、慣習国際法でローマ時代からいい習わされてきた言葉の重みがひときわ実感される。「公海の自由」と「航海の自由」原則が保障されて初めて、海は「万人のための共有空間」になるのである。

いま問題になっているソマリア沖、紅海入口のアデン湾海域もなじみの航路だ。偶然にも、九一年一月、「湾岸戦争」がはじまった日の朝、オマーン沖の洋上で、ピースボートは米原子力空母艦隊と遭遇し艦載機がバグダッド攻撃に向け発進していく、その瞬間を目撃した。湾岸戦争と、それにつづく「テロとの戦い」以降の中東・アフリカ情勢の混迷が、こんにちソマリア沖を「海賊の巣」として登場させる遠因となったのだが、それまで「海賊危険海域」といえば、マラッカ・シンガポール海峡からインドネシアにかけての多島海を指すのが通例だった。日本タンカーに接舷して金品をうばったり、乗組員を拉致誘拐する事件が頻発していた。ベトナムから逃れる「ボート・ピープル」を洋上で襲う「アジア海賊」が国際問題となったのもそのころである。そのころのピースボート船客は、マラッカ海峡の狭い水道を通り抜けるときは、両舷から放水しながら海賊の乗りこみを防ぐシーンを体験した。

「海保外交」の成果

その「海賊天国」といわれた東南アジア海域から、こんにち海賊被害がほぼ一掃された。理由は自衛隊の艦艇が出て行ったからではない。アジア地域の海上保安協力による共同取り締まりの成果である。ＩＭＯ（国際海事機関）の統計によれば、二〇〇〇年当時、世界の過半数を占めた東南アジアの海賊発生件数（二六二件）は、〇八年、インドネシア海域で二八件と九割減、マラッカ海峡（八〇件）での発生は、わずか二件にまで激減した。

このめざましい成功の基礎には、「情報共有センター」の設置やＯＤＡによる巡視艇提供、共同訓練・哨戒など、たゆみない「海保外交」、ソフトパワーによる海賊抑止の努力がある。日本はこうした海保協力を通じ、海上警察の執行機関として重要な国際貢献を果たしてきた。

ソマリア海賊対策への協力がいま重要な課題であるのは自明であるとしても、このような歴然とした「アジア・モデル」があり、また日本がイニシアチブをとる非軍事的な公海海上警察権執行の実りある例が存在するにもかかわらず、自衛隊出動以外に選択肢がないかのような議論が横行するのは、明らかに為にする行為である。湾岸戦争後、自衛隊法の

「機雷掃海任務」をペルシャ湾に拡大し（九一年）、イラク戦争でインド洋における「燃料補給支援」を実施したのと同様、いつに変わらぬ「まず自衛隊ありき」の発想が働いている。

そして今回のソマリア沖活動では、派遣護衛艦に海自特殊部隊「特別警備隊」の同行が予測されているので、武器使用基準は、従来の「正当防衛」「緊急避難」対処から大幅に緩和され、「先制攻撃」「撃沈・殲滅」に行き着く事態もありうる。自衛隊は実質的な「交戦権」を獲得することになる。他国軍と共同すれば、「海賊との戦闘」を口実に「集団的自衛権行使」のタブーをも乗り越える。それらを「海上警備行動」という名で正当化することは、憲法9条2項はもとより、自衛隊法の趣旨にももとる。憲法空洞化、なし崩し・既成事実化の究極の形としなければならない。

※三月一四日、護衛艦「さざなみ」「さみだれ」が呉を出港、三〇日からアデン湾で「警護任務」を開始した。この段階ですでに、「海上警備行動」としてなしえない「他国船舶の警護」が〃さみだれ〃式に実施されはじめ、〃さざなみ〃的にひろがっている（五月一一までに一六回、四八隻）。また四月二三日には「海賊対処法案」が衆議院を通過した。

海上警備行動とは

「海上における警備行動」は自衛隊法第82条に規定された海上自衛隊の任務である。陸の「治安出動」(78条)、空の「領空侵犯に対する措置」(84条)とならぶ規定で、「特別の場合」における国内治安維持を目的とするとみなされてきた。これまで二回(九九年の「能登沖不審船」と〇四年「沖縄近海、中国原潜領海侵犯」)しか発動されたことがない。あくまで領海侵犯など国土主権の侵害防止が地理的前提であり、行動権限は警察作用の範囲内と説明されてきた。

一九八〇年、ソ連原子力潜水艦が火災事故を起こし日本の領海を通過したさい、政府は海上警備行動を発令しなかった。当時の防衛庁は、発動条件について「有事が近くなって、国民の声明、財産を守る必要があるとき」「海上保安庁の手に負えなくなるような事態」と例示し、「領海侵犯の事実があっても、すぐさま発動されるものではない」と答弁した。〇四年の能登沖不審船の事例で初めて護衛艦とP-3C哨戒機の出動がなされたが、船が日本の防空識別圏の外に出た時点で追跡は打ち切られた。中国原潜の場合、領海内の全没潜航が警備行動発令の理由とされた。それぞれに議論の余地はあるものの、これらが海上警備行動の性格および地理的限界をあらわすものといえる。適用には領海・排他的経済水域・防空識別圏以内という三つの壁があり、一万キロ以上はなれたアフリカ沖にこの条文を当てはめるのは、どう考えても無理がある。

ではなぜ、このような出動が強引にすすめられるのか。

国際社会がソマリア沖海賊に騒ぎはじめたのは、〇八年九月、戦車などを積んだウクライナの貨物船が海賊に乗っ取られ、アメリカやＮＡＴＯ諸国が艦艇を派遣したのがきっかけだった。米政府からの働きかけもあったが、とりわけ一二月、国連安保理の会合で中国が「海軍派遣を検討中」と表明して、にわかに海自護衛艦の派遣が表面化した。内閣官房高官が麻生首相に「中国に負けるわけにはいきません」と進言すると、首相は「そりゃそうだ」と答えたという（『毎日』一月二五日付）。ここには「中国への対抗意識」と「バスに乗り遅れるな症候群」が透けて見える。海賊対策であるより、国威発揚ないし横ならび重視の条件反射的対応であり、広い国際公益の見地や長期的な日本の海洋政策に立脚したものではない。

くわえて、これを機に各国海軍と同列に「ふつうの海軍活動」をしたいとする防衛省・海上自衛隊の意欲も派遣規模と活動権限をエスカレートさせている。海自は、海賊を相手にすれば「交戦」は排除できないとして、完全武装の「特別警備隊」を特殊ボート「特別機動船」に乗せ、海賊船を追跡・停船・移乗する作戦を検討中といわれる（機関紙『朝雲』）。現場の論理と軍事合理性からいえば、不自然な考えではない。政府は、ひとまず海上警備行動で派遣したのち、「新法制定」によって追認する、そのように進めたいのだろうが、これは文民統制の根幹を破壊する脱法行為である。

９条のもとでの「海賊対策モデル」を

ウクライナの貨物船乗っ取りは、身代金と引き換えに解決した。ソマリア沖海域にはすでに二〇カ国以上の海軍艦艇が集結し、海賊被害がさらに拡大する様相にはない。であるなら、日本がこれから海自派遣の準備をはじめ、三月以降から遅ればせのプレゼンスを実行するより、より長期の、そしてアジア海域ではっきりと成果をあげた海賊対策に力を入れることのほうが着実かつ具体的な海上安全への貢献となるだろう。ソフトパワー活用にこそ日本の役割があるはずだ。それを主張できる実績が日本にはある。

※国連・国際海事機関（ＩＭＯ）は、ソマリア沖海賊対策として周辺一六カ国に「海賊情報センター」設置などを柱とする「海賊行為防止に関する行動指針」を提案した。

日本の海上保安庁がアジアで実施した対策をモデルとしている。しかし半数の八カ国が署名を見送った。理由は、「アフリカ・モデル」は、「アジア・モデル」とことなり軍が前面に立つようになっていたので、多くの国に内政干渉の警戒心をあたえたためである。

前述のとおり、マラッカ・シンガポール海峡周辺の海賊被害は激減した。そこには一九九九年、日本船「アロンドラ・レインボー」シージャック事件やタンカー襲撃事件の多発を受け、海保が取りくんできた地域間海上保安協力が実を結んだ側面がある。海保が提唱した東アジア海上保安協力の枠組みは、二〇〇〇年に発足した「海賊対策国際会議」と「北太平洋海上保安長官級会合」で開始され、以後、重層的・多角的に蓄積されてきた。海賊・テロ情報の共有や二国間・多国間共同訓練や合同パトロールで実績を積み、〇四年にはASEANプラス中国、韓国など一六カ国が参加する「アジア海賊対策地域強力協定」が採択された。日本から定期的に巡視船が東南アジアに派遣され、「海賊対策連携訓練」が行われている。これが海賊とテロ対策の「アジア・モデル」である。

※この協定により「海賊情報センター」が〇四年、シンガポールに設立された。

海洋国や群島国の多い東アジアには、海軍と別個に海洋警察、税関警察、沿岸警備隊など、軍隊でない政府の実力組織が存在する。それらと連携しネットワーク化することで、たとえ重武装した相手であっても「海軍には負けるが海賊には勝つ」程度の海上治安組織をつくりだすことは十分に可能なのである。ＯＤＡによる日本からの支援にしても、対象が海軍だと武器輸出三原則に抵触するが、税関や警察所管の組織なら巡視船艇の供与も問題なく、また日本側窓口も国土交通省なので支障はない。また日の丸をかかげ武装していても、巡視船であれば過去の記憶がよみがえることも避けられる。さらに共同行動面においても「集団的自衛権」とは無関係の「地域的共同警察活動」の枠内にとどめられる。

※最近発足したマレーシアの「海上法執行庁」（ＭＭＥＡ）にたいして、日本より「治安無償資金協力」として海上保安監視のための資材が提供された。パプア・ニューギニアに日本の援助で建設中の「海上保安通信システム」も今年中に運用が開始される。東ティモールからも同種要請がなされている。

海上保安庁は、国際協力機構（ＪＩＣＡ）と共同で、〇八年一〇月から約一カ月間、アジア各国の海上法執行機関を日本に招き海賊・密輪・密航など海上犯罪に対処する「海上犯罪取締研修」を実施、そこに初めて中東からイエメンとオマーンの沿岸警備職員も参加した。海賊対策の「アジア・モデル」は、ソマリア周辺国にも広がっているのである。防衛省が護衛艦派遣に熱を上げるなか、巡視船「しきしま」はタイ、インドネシアで連携訓練と職員の乗船研修に当たっていた。

※二月には、フィリピン沿岸警備隊（ＰＣＧ）と巡視船「りゅうきゅう」が、海賊対策連携訓練を実施した。

このような非軍事・非集団的自衛権による海上保安協力がすでに機能しているのである。ソマリアに護衛艦を出さないと国際貢献にならないなど、感情的で末梢の議論にすぎない。現実にマラッカ海峡での海賊が鎮圧され、海上の平穏が回復された事実を世界に示して、日本は自衛隊派遣によってでなく、９条のもとでの「海賊対策モデル」で国際社会に貢献できるというメッセージを、しっかりと主張すべきであろう。

「平和基本法」の制定

以上、いくつかの面から、採りうる政策、めざすべき方向をみてきたが、施策実施にあたり、それらをひとまとめにした法律として制定しておくのがわかりやすいだろう。鍵となるのが「平和基本法」である。「平和基本法」については、前にも引用した『９条で政

治を変える　平和基本法』（〇八年、高文研）でくわしくのべたので、ぜひ参照してほしいが、その基本となる考えかたを要約しておこう。

「平和基本法」は、憲法理念と現実状況に「橋を架ける」ものと位置づけられる。最大の眼目は、以下の点にある。すなわち、憲法前文と9条にかんし、これまで「内閣の政策」や「国会決議」にとどめられてきた護憲運動の成果を確認したうえで、

1 国民生活をさまざまな脅威から守るための新発想と手法を取りいれて「法律＝基本法」のかたちに集約・確定させ、日本の「安全保障政策の基本法」として方向づける。

2 「日本国憲法にもとづく安全保障のかたち」を、近隣諸国および世界に明確に発信する。

3 自衛隊を改編・縮小の方向に据えなおす「政策実施の指針」の長・中期計画に位置づける。

以上の意味で、「平和基本法」は「憲法前文と9条の具現法」としての意義を持つものである。それにより、自民党政治における軍事拡大の常套手段であった「なし崩し」と

「既成事実化」による「解釈改憲」の手法と完全に訣別できる。

基本的な考えを要約してみると——

(1) われわれは、日本国憲法前文および第9条に盛られた平和主義の理念と規定が、現在の安全保障環境下においても、また、やがて確立されるだろう二一世紀の時代精神に照らしても、いぜん有効かつ現実的であると確信する。したがって今日もとめられているのは改憲ではなく、憲法理念をより具現化し国内および世界に発信するためのあらたな「国家行動基準の確立」、すなわち「もう一つの安全保障」の選択である。「平和基本法」は、日本の「国のかたち」を、透明で公正なものとして説得的に提示するため制定される。

(2) 改憲派が主張する「押しつけ論」や「時代おくれ論」からいったんはなれ、憲法をいまの国際情勢のもとで読んでみると、日本国憲法にしめされた安全保障観は、「共通の安全保障」「人間の安全保障」といった、冷戦後のEUや国連がめざす「地域的・普遍的安全保障」をいち早く明文化した先駆的なものであると理解できる。世界は、ゆるやかであれ、また曲折を織りまぜつつも、大きな民主化潮流——対立と威嚇、軍事重視型安全保障から、地球規模および地域規模の協調型安全保障へと向かう過渡期にあるとみてとれる。

冷戦型軍事ブロック対立は崩壊し、アメリカ型単独行動主義の挫折も明瞭となった。その一端は、冷戦期にアメリカの核抑止戦略を主導したヘンリー・キッシンジャーが一転して「核兵器全面廃絶」を提唱しはじめたこと、またオバマ大統領がプラハ演説で、「核兵器を使用した唯一の核保有国として米国には行動すべき道義的責任がある」と表明したことにもしめされている。その前月の三月には、中央アジアでも「非核地帯設置条約」が発効した。

日本国憲法はけっして古くなっていない。「20世紀の頭で21世紀の安全保障を語る」ことはやめよう。「平和基本法」による新たな憲法の語り口は、ここにある。

⑶　にもかかわらず、上述のような趨勢にさからって9条改正に向かうことは、日本が半世紀余にわたり実践し積みかさねてきた「国際社会における名誉ある地位」――反核兵器・海外戦争不参加・武器禁輸国家といった国家イメージを根底から突きくずす。その結果は、とくに東アジア諸国に不信と敵意の種子をまくばかりでなく、国際世論のまなざし、たとえば「ハーグ平和アピール市民会議」で採択された「公正な世界秩序のための一〇の基本原則」の冒頭条項――「各国議会は、日本国憲法第9条のような、政府が戦争を禁止する決議を採択すべきである」から、かんじんの主役が退却することを意味し、日本国家

の信頼失墜をもたらさずにおかない。ＮＧＯに代表される国際世論は、確実に存在し力を増しつつある。「地球温暖化防止京都議定書」（九七年）、「包括的核実験禁止条約（ＣＴＢＴ）」（九六年）、「対人地雷禁止条約」（九七年）、「クラスター爆弾禁止条約」（〇八年）などにはたした役割の大きさをみればあきらかである。もしここで日本が、改憲・普通の国・海外軍事行動・武器輸出の道に進路をとるなら、非戦反核国家としての道義力は地に墜ちよう。世界遺産となった広島の原爆ドームは「恥辱のあまり崩れ落ちて」しまうほかない。

(4) 以上の見地に立つとき、いま必要な憲法への接しかたは、憲法条文をあらためるのでなく、憲法理念を具現化し豊かにすることであり、制定経緯、文章表現、条文解釈をめぐる論争に情熱をかたむけるより、これまで国民多数から支持され維持してきた憲法の指示する安全保障政策を具現化・明文化する法律「平和基本法」制定に向かうほうが、必要かつ賢明な対応といえよう。

平和基本法にもりこむ項目

❶非核三原則（「持たず・作らず・持ち込ませず」原則の法制化）

❷武器輸出三原則（冷戦時代にさだめた原則の法制化。「ミサイル防衛共同開発」など対米武器技術供与をふくめ厳格運用）
❸宇宙の平和利用限定原則（同趣旨の一九六九年国会決議の法制化）
❹集団的自衛権（軍事同盟と海外派兵）の禁止
❺攻撃的兵器と軍事戦略の不保持（保持されるのは、国土警備能力に限定された「最小限防御力」のみ）
❻文民統制および市民監視の徹底（独立委員会、オンブズマン制度導入など）
❼非軍事的国際貢献の積極的推進（国連平和維持活動への協力）
❽人間の安全保障の具体的展開（国家の枠組みをこえた紛争原因の除去への努力）

以上の項目は、護憲勢力が戦後六〇余年をかけて達成し、または要求しつづけてきた「9条具現化」の一例だと誇っていい。とくに❶〜❹は、今日も、まがりなりに政府の憲法解釈を拘束している。

とはいえ、それがじつのところ「内閣の政策」でしかなかったために、時の政権の恣意的な解釈によって拡大されたり骨ぬきにされてきた事実もみとめなければならない。その意味で「中間的な獲得物」の域にとどまっていた。しかし「平和基本法」が法制化されるなら、「内閣の政策」を法律条文に明記して実質化できるばかりでなく、よりすすめて9条理念に実質をもたせることができる。「テロ特措法」や「イラク特措法」制定に用いられたたぐいの、憲法解釈をねじまげた自衛隊運用は、「平和基本法」を施行することで、もはやできなくなる。

それによって憲法第9条の確定解釈は普遍的で拘束力のあるものとなり、9条解釈をめぐる論争に終止符が打たれ、以後、憲法⇓平和基本法のもとに最小限防御力の保持と限度（警察力＋α）にかんする個別法が位置づけられることになる。一言に表わすなら、平和基本法は憲法再生のための対抗構想であり、具現化のマニフェストである。

再び、「負の遺産」を突きくずす対抗構想を！

一二年前の一九九三年、前田をふくむ学者・評論家九人は、「平和基本法をつくろう」という共同提言を発表した（『世界』九三年四月号）。冷戦が終結し「ソ連の脅威」が消え、「反共の同盟・日米安保」が意義を失った時期である。国内でも、自民党単独政権にかげりがみえ革新連合政権への展望が高まりつつある、そんな時代状況のなかで「平和憲法の精神に沿って自衛隊問題を解決するために」、新たな政策提起が必要だと考えたからだ。

ただ護憲をさけぶだけでは、自民党政治が長年積み上げてきた「負の遺産」を突きくずすことはできない。数合わせだけで「次の政権」を取ったとしても、自衛隊を即座に解散させられるわけでも、基地縮小が実現することにもつながらない。憲法理念を具現化する対抗構想なしには、従来の政策を受けつぐ以外の安保・防衛政策はとれない。だとすれば、護憲世論が政府に約束させてきた自衛隊と安保にかんする政策修正を、「平和基本法」のような法律にして確立させることが先決であるはずだ。そこから国際情勢と国民世論を反映させながら、憲法に沿った安全保障政策の改革をはじめていく……。

共同提言「平和基本法をつくろう」が出た翌九四年、村山政権の誕生をみた。だが、残念なことに「平和基本法」は準備されていなかった。そして九五年、「ナイ・リポート」が発表された。その後の経過は、本書でたどってきたとおりである。

ふたたびおなじ轍を踏んではならない。政権交代の展望がめぐってきたいま、「日米安保をどうするか」「自衛隊をどうするか」についての具体的で現実的な対抗政策を準備しておくことが不可欠である。日本がどこへ向かおうとしているのか、その危機的状況を理解したうえで、それでも9条を守るには、「それではなくて、これだ」という選択肢がなくてはならない。護憲意識をバネにした対抗政策の提案が、いまほど待望されている時期はないのである。視野をめぐらすと、「もう一つの地球」が見えてくる――

一九五〇年代末、ＩＣＢＭ（大陸間弾道弾）が出現し、地球は「ミサイルの脅威」のもとで「一つの死」につながれた。ケネディ大統領は、それを天井から毛一本で剣が吊された「ダモクレスの剣」にたとえた。六〇年代、通信衛星が実用化されると、衛星が発するマイクロ波のもと、国際社会は「一つのメディア」で結ばれた。それが日本につたえた最初のニュースは「ケネディ暗殺」であった。〇八年、衛星情報が世界をかけめぐり、国際経済を「一つのパニック」におとしいれた。そして〇九年五月。新型インフルエンザの世界的流行により、地球は「一つの白いマスク」でつつまれている。――日本が置かれている「安全保障の条件」とは、そのようなものである。

この意味においても、憲法が前文で「われわれは、全世界の国民が……」と呼びかけ、「いずれの国家も、自国のことのみに専念して他国を無視してはならない」と規定した先駆性を、あらためて思いおこす必要がある。「対米従属」を脱し、「地球の今」に向けて自立することこそ、「9条を生かす」二一世紀日本の方向でなければならない。〔了〕

	た「防衛秘密漏洩」。 4.17、自衛隊イラク派遣をめぐる集団訴訟の控訴審判決の中で、名古屋高裁（青山邦夫裁判長）は、航空自衛隊の空輸活動は「事実上の戦闘地域での武力行使と一体化した行動」と判定、憲法９条１項に違反するとの判断を下す。但し、自衛隊派遣の差し止めについては原告側の要求を退けて敗訴としたため、この判決が確定した。 5.21、宇宙基本法、成立。国会決議によりこれまで非軍事・平和目的に限定されてきた宇宙開発が、「安全保障に資する」ことも可能となった。これにより、ミサイル防衛の一環である早期警戒衛星を自前で打ち上げるなど軍事利用も不可能ではなくなる。 5.30、ダブリンでのオスロ・プロセス国際会議、クラスター爆弾の全面禁止条約を全会一致で採択。日本政府も同意。 9.25　通常型空母キティホークに代わり、原子力空母ジョージ・ワシントンが横須賀基地に入港。以後、横須賀を母港とする。 9.25、江田島・第1術科学校において特殊部隊「特別警備隊」の３等海曹が1人で15人を相手に格闘訓練中、頭を強打して死亡。 10.31、田母神俊雄・航空自衛隊幕僚長が、民間企業の懸賞論文で日中戦争を正当化するなど歴代日本政府の見解を正面から否定していることが判明。浜田防衛相は同幕僚長を更迭はしたものの徹底的に争う構えを見せたため処分に苦慮し、結局定年退職とした。 11.4、米国大統領選において「チェンジ！」を合い言葉に民主党バラク・オバマが勝利、翌年1月20日、44代大統領に就任。
2009	3.14、ソマリア沖へ向け、海自の護衛艦２隻が出航。海賊対策法が間に合わず自衛隊法82条の海上警備行動の規定を拡大解釈して適用した。追って同じ任務でP-３C哨戒機２機もソマリアの隣国ジブチへ派遣、さらにそのP-３Cを警備するためとして陸自の中央即応集団・中央即応連隊から１個小隊（40人）が派遣された。 3.18、海自のヘリ空母「ひゅうが」就役。 3.27、北朝鮮が「テポドン2」とみられるミサイルの発射を準備しているとして、政府は初めて「弾道ミサイル破壊措置命令」の発令を決定、防衛相を通じて自衛隊に命令された。 4.5、北朝鮮、弾道ミサイルを発射（北朝鮮は人工衛星の打ち上げと主張）。ミサイルは秋田・岩手上空の宇宙空間を通過し、本州の東2千数百キロの海上に落下。日本領域への落下物はなかった。

7.5、北朝鮮、日本海沿海州沖に向け弾道ミサイル7発を発射。7.15、国連安保理、北朝鮮非難決議採択。

10.9、北朝鮮、地下核実験実施発表（米国は未熟核爆発、と認定)。

10.14、安保理、北朝鮮制裁決議を採択。

12.15　防衛「省」関連法、成立。翌07年1月より防衛省発足。

12.15　自衛隊法第3条改正。これまで付随的任務として「雑則」に入っていた海外に出ての活動が「本来任務」に位置付けられる。

12.15　教育基本法改正。「愛国心」重視が前面に打ち出される。

2007 1.16、米朝両国代表、ベルリンの両国大使館を使って会談を開始。

2.18、北京での6カ国協議、北朝鮮の核放棄と５カ国の同国支援に向けた「初期段階の措置」合意文書を採択。

3.5、米軍再編合意にもとづく米空軍の訓練移転開始。

3.28、初めての旅団規模の特殊部隊「中央即応集団」新編。

3.30、空自のパトリオットPAC-３配備開始（埼玉・入間基地で)。

7.3、久間防衛大臣、講演での「原爆投下はしょうがなかったと思っている」との発言を問われ、辞任。

8.10　米国が求めていた軍事情報一般保全協定（GSOMIA）調印。同協定は米国が60数カ国と結んでいるもので、広範囲にわたる軍事情報の漏洩防止と情報管理のための細かな手続きを定めている。

11.28　元防衛事務次官（同年８月退職）守屋武昌、軍需専門商社・山田洋行の元専務から賄賂を受け取り、防衛装備品の調達の便を図ったとして東京地検により逮捕、のち起訴される。さらに翌年1月、新たな賄賂疑惑による収賄罪と、前年の国会証人喚問での虚偽の陳述の嫌疑で追起訴。（翌年11月5日、東京地裁は収賄と議員証言違反（偽証）の罪で懲役２年６カ月と追徴金1250万円の実刑判決。被告側は即日控訴。）

12.18、海自イージス艦「こんごう」、ハワイ沖で弾道ミサイル迎撃実験に成功と報道。

12.19、米軍再編に伴い、米第１軍団司令部の前方司令部がキャンプ座間で発足。

2008 2.19、イージス艦「あたご」、南房総沖で早朝、漁場に向かうマグロはえ縄漁船「清徳丸」に衝突、船体を真二つに割って沈没させる。猟師の吉清治夫さんと長男・哲大さんの遺体はその後の必死の捜索にもかかわらず発見されなかった。

3.26、防衛省情報本部の１等空佐、中国海軍の潜水艦が南シナ海を航行中火災を起こしたことを3年前（05年5月）に読売記者に漏らしたとして書類送検される。容疑は、01年の自衛隊法改正で新設され

	3.20、米英軍、イラクへトマホーク巡航ミサイルなどで攻撃開始。小泉首相、「米国のイラク攻撃を理解し、支持する」と表明。 4.5、米英軍、バグダッド制圧。 5.1、ブッシュ米大統領、「戦闘」終結宣言。 6.6、有事3法成立。 7.10、空自のC130輸送機２機、PKO協力法に基づき、イラク向け救援物資の輸送活動のため中東へ出発。 7.26、イラク特措法成立。 10.23～24、マドリードでイラク復興支援会議。共同議長を務めた川口外相は、04年分の無償15億ドルを含め、07年までに計50億ドル（約5500億円。各国拠出総額の15％に当たる）の拠出を約束。10.25、防衛庁、イラク特措法による派遣の特別手当を一日３万円（PKOなどは２万円）、弔慰金の最高限度額を９千万円（現行６千万円）に。 11.29、奥、井ノ上の両大使、バグダッドからティクリートへの途上で襲撃を受け死亡。 12.9、イラク特措法に基づく自衛隊派遣「基本計画」閣議決定。 12.14、サダム・フセイン、故郷ティクリート近郊の農家の庭先の地下壕に潜んでいたところを米軍に発見され、拘束される。
2004	1.9、防衛庁、報道各社に対し「イラク現地取材の自粛」を要請。 1.22、空自110人が小牧基地からクウェートへ出発。 2.8、陸自本隊の先発隊、サマワに入る。機関銃を据え付けた装輪装甲車を含む車両25台を連ねて。 6.14、国民保護法成立。 8.13、沖縄普天間基地の大型ヘリが沖縄国際大学の構内に墜落して爆発、「世界でいちばん危険な基地」の実態をまざまざと示す。 12.10、新防衛大綱、発表。対テロ戦争を下敷きに「新たな脅威や多様な事態」を戦略目標に設定する。
2005	2.19、日米安全保障協議委員会（2＋2）、「日米共通の戦略目標」を確認。 10.29、日米安全保障協議委員会、「日米同盟：未来のための変革と再編」発表。 12.24、ミサイル防衛に関して日米での共同開発を閣議決定。
2006	3.27、「統合幕僚監部」新設。自衛隊は新たな統合運用体制に。 5.1、日米安全保障協議委員会、「再編実施のための日米ロードマップ」発表。 6.20、政府、陸自イラク派遣部隊の活動終結を決定、空自は継続。

1994	6.30、村山社会党委員長を首班とする自、社、さきがけ連立内閣成立。7.20、村山委員長、自衛隊合憲、日米安保堅持を表明。 11.3、読売新聞、憲法改正試案を発表。
1995	9.4、沖縄で米兵3人による少女暴行事件。
1996	4.17、橋本首相・クリントン米大統領による「日米安全保障宣言」(安保再定義。日米安保を地球的規模へと拡大)。
1997	9.23、新日米防衛協力のための指針（新ガイドライン）取り決め。
1998	8.31、北朝鮮、ミサイル「テポドン」試射。
1999	3.24、能登半島沖、「不審船」事件。 5.24、周辺事態法、日米物品役務相互提供協定改定成立。 7.29、衆参両院に憲法調査会を設置する国会法改正。 8.9、国旗・国歌法成立。8.12、改正住民基本台帳法成立。
2000	6.14、金大中・金正日両首脳による「南北共同宣言」。
2001	9.11、ニューヨーク、ワシントンで同時テロ。犠牲者約3000人。 9.25、小泉首相、ワシントンでブッシュ米大統領と会談、米国への可能な限りの貢献と、そのための「新法」を準備中と伝える。 10.7、米英軍、アフガニスタン攻撃開始。 10.29、米軍支援のためのテロ対策特別措置法成立。 11.2、テロ特措法と同時に自衛隊法を一部改正、秘密保全のための罰則が強化される（中曽根内閣時代に廃案となった国家秘密法案の防衛秘密に関する部分が実質的によみがえった)。 12.2、海自補給艦による米艦船への洋上給油開始。 12.7、タリバンの根拠地カンダハル陥落。 12.7、PKO協力法改正（武器使用の制約の緩和と、PKF本体業務への参加「凍結」を解除)。 12.22、奄美大島沖で武装「工作船」と海上保安庁の巡視船4隻が銃撃戦。「工作船」(実体は麻薬密輸船）は自爆して沈没。
2002	1.29、ブッシュ米大統領、一般教書演説で、北朝鮮、イラク、イランの３国を「悪の枢軸」と名指しで断定。 4.17、政府、有事法制関連３法案を国会提出。 9.17、小泉首相・金正日国防委員長、「平壌宣言」(日朝国交正常化交渉再開合意）を発表。拉致被害者5人が帰国。
2003	2.15、世界各地で空前の反戦デモ。ニューヨークで50万人、ロンドンで200万人、ローマで300万人、マドリッドで200万人…など世界60カ国、400都市で1000万人参加。 3.17、米英スペイン首脳、17日で外交交渉打ち切り合意。小泉首相、「国連決議なしでも米国支持」を表明。

自衛隊・日米安保関連＝略年表

1945	8.14、日本政府、ポツダム宣言受諾。日本の敗戦で第二次世界大戦終わる。15日、天皇、ラジオで「終戦」の詔書を放送。
1946	11.3、日本国憲法公布。翌47年5.3、日本国憲法施行。
1950	6.25、朝鮮戦争勃発。7.8、マッカーサー連合国軍総司令官、警察予備隊創設・海上保安庁増員を指令。8.10、警察予備隊令公布、即日施行。8.23、第一陣7557人が入隊。
1951	9.8、サンフランシスコ講和会議で対日平和条約・日米安保条約調印。
1952	4.28、対日平和条約・日米安保条約発効。日本は独立を回復、ただし沖縄は引き続き米軍の占領行政下におかれる。 8.1、保安庁発足。10.15、警察予備隊、保安隊に改組。
1954	6.2、参議院、「自衛隊の海外出動禁止に関する決議」採択。 6.9、防衛庁設置法、自衛隊法公布。7.1、防衛庁、自衛隊発足。
1959	3.30、砂川事件で東京地裁の伊達裁判長、日米安保条約は違憲、の判決（12.16、最高裁、伊達判決を破棄、「統治行為論」で安保に対する判断を停止）。
1960	1.19、日米新安保条約調印。5.19、政府・自民党、衆院に警官隊を導入、新安保条約を単独強行採決。6.19、新安保条約、自然承認。
1965	2.10、社会党・岡田議員、衆院予算委で自衛隊・統幕会議の極秘文書「三矢研究」（1963年）を暴露、大問題となる。
1972	5.15、沖縄、日本に復帰。9.29、日中国交回復。
1973	9.7、長沼ナイキ（ミサイル）訴訟で、札幌地裁の福島裁判長、自衛隊は違憲の判決（1982、9.9、最高裁、福島判決を破棄）。
1978	5.11、金丸防衛庁長官、在日米軍への「思いやり予算」を計上。 7.27、福田首相、防衛庁に有事法制研究の促進を指示。 11.27、日米防衛協力のための指針（ガイドライン）決定。
1985	6.6、自民党、国家秘密法案を国会に提出。いったんは継続審議となるが、この年12.20、廃案に終わる。
1989	11.9、ベルリンの壁、崩壊。12.3、ソ連・ゴルバチョフ書記長、米・ブッシュ大統領、マルタ島で会談、冷戦終結を宣言。
1990	8.2、イラク軍、クウェートに侵攻（湾岸危機）。
1991	1.16、米軍主体の「多国籍軍」、イラク空爆開始（湾岸戦争）。 4.26、海上自衛隊の掃海部隊（6隻）、ペルシャ湾へ出航。 9.19、政府、PKO協力法案を国会に提出。
1992	6.15、PKO協力法、国際緊急援助隊法改正可決（8.10施行）。 9.17、自衛隊PKO派遣部隊、カンボジアへ出発。
1993	8.9、細川連立内閣成立、自民党の一党長期政権倒れる。

あとがき

今年一月九日付各紙は、「アメリカの新駐日大使にジョセフ・ナイ氏起用」を一斉につたえた。「知日派の重鎮」「日本への期待鮮明」などの見出しが躍った。その後も、ナイ氏の動静や日本要人に向けた〝抱負〟のような会見記事がつづいた。一連の〝新聞辞令〟は五月二〇日、「ジョン・ルース新大使が濃厚」の続報で事実上訂正されたが、異例の〝誤報騒ぎ〟は、日本にとりオバマ政権初の「チェンジ」、そして「サプライズ」となった。

じつをいえば、私も〝幻のナイ大使〟に注目した一人だった。九〇年代以降の「日米軍事同盟」の移り変わり——九五年の「ナイ・リポート」から目下進行中の「安保再定義」～「米軍再編」まで——を検証するさい、この人物は不可欠である。

そこで本書の第I章を「ナイと安保再定義」からはじめた。大使人事は〝幻〟となったが、歴史の事実は動かない。

二月には、ヒラリー・クリントン新国務長官が初の外国訪問先に日本をえらび、与野党指導者と精力的に接触していった。ここにはオバマ政権のかかげる「スマート政策」の対日版が予感される。「グアム米軍基地建設」に六〇億ドルの経費負担を引き受けた「グアム協定」にみられるとおり、「ポスト自民党政権」を見越して着実に成果を物している。しかしその一方で、日本の政治状況といえば、「政権交代」への期待とエネルギーをたくわえながらも、「チェンジ」の対抗構想をなお持ち得ていない。自民党政治を倒したあと「オバマのアメリカとどう向きあうか」、そのこともこの本を書いた意図の一つである。

本書は、昨年一〇月、高文研から刊行した『9条で政治を変える 平和基本法』（児玉克哉・吉岡達也・飯島滋明と共著）の問題意識を継ぐものである。そこでは、「安全保障の意味」が冷戦崩壊や経済のグローバル化によって変化したことを指摘し、地球環境、エネルギーなどあらたな課題と対して「9条のもとでいかなる安全保障が可能か」を考えた。

その視点を維持しつつ、本書では「日米安保の未来形」、すなわち、「自民党政権を倒したあと、どのように安全保障政策を変えていくか」に主眼をおいた。だから、〝ナイ新大使〟が新聞辞令に終わっても、ナイ教授によってつくられた「日米同盟」批判の書、そして新政策提起への呼びかけとしての意義はいささかも薄れていないし、そう願っている。

二〇〇九年五月二〇日

前田　哲男

前田 哲男（まえだ てつお）
1938年、福岡県生まれ。長崎放送記者だった1960年代から在日米軍、自衛隊、安保、核問題を取材。とくに自衛隊軍縮を含む、武力によらない安全保障構築の問題について、82年刊行の『日本防衛新論』（現代の理論社）以来、08年の『平和基本法』（高文研）まで一貫して追究してきた。
著書：『自衛隊 変容のゆくえ』（岩波新書）『戦略爆撃の思想』（凱風社）ほか多数、共著書『自衛隊をどうするか』（岩波新書）『9条で政治を変える 平和基本法』など。

「従属」から「自立」へ
日米安保を変える
●二〇〇九年 六 月一〇日――――第一刷発行

著　者／前田 哲男
発行所／株式会社 高文研
東京都千代田区猿楽町二―一―八
三恵ビル（〒一〇一＝〇〇六四）
電話　03＝3295＝3415
振替　00160＝6＝18956
http://www.koubunken.co.jp
組版／株式会社WebD
印刷・製本／精文堂株式会社
★万一、乱丁・落丁があったときは、送料当方負担でお取りかえいたします。

ISBN978-4-87498-422-2　C0036